FORSCHUNGSBERICHTE DES LANDES NORDRHEIN-WESTFALEN

Nr. 1398

Herausgegeben
im Auftrage des Ministerpräsidenten Dr. Franz Meyers
von Staatssekretär Professor Dr. h. c. Dr. E. h. Leo Brandt

DK 66.046.5:621.74

Prof. Dr.-Ing. Eberhard Schürmann, Clausthal-Zellerfeld
Dr.-Ing. Horst-Carsten Groth, Rendsburg

Institut für Gießereiwesen der Bergakademie Clausthal,
im Auftrage des Vereins Deutscher Gießereifachleute e. V. Düsseldorf

Schmelzgleichgewichte im System Eisen – Schwefel – Kohlenstoff – Phosphor und Silizium bei 1400° C

WESTDEUTSCHER VERLAG · KÖLN UND OPLADEN 1964

ISBN 978-3-663-06678-1 ISBN 978-3-663-07591-2 (eBook)
DOI 10.1007/978-3-663-07591-2

Verlags-Nr. 011398

Gesamtherstellung: Westdeutscher Verlag

Inhalt

1. Einführung

Die Wirksamkeit der Entschwefelung von Metallschmelzen wird nicht allein durch das Löse- und Abbindevermögen einer Schlacke für Schwefel bestimmt, sondern ist auch sehr wesentlich von der Schwefellöslichkeit der Metallschmelze abhängig.

Die Schwefellöslichkeit wird im Falle des Eisens besonders durch Gehalte an Kohlenstoff, Phosphor und Silizium verändert. Das häufig untersuchte reine System Eisen–Schwefel [2] bzw. Eisen–Eisensulfid zeigt nämlich zwischen 5 und 25% Schwefel eine starke Neigung zur Entmischung. Alle Untersuchungen des Schrifttums [3] stimmen darin überein, daß die S-förmige Liquiduslinie des Eisens bei ca. 15% Schwefel ihren Wendepunkt hat und bei diesen Gehalten an Schwefel eine fast maximale Neigung zur Entmischung herrscht. Geringe Zusätze an Kohlenstoff, Phosphor und Silizium reißen diese Neigung zur Entmischung zur Mischungslücke auf und erweitern sie mit zunehmendem Gehalt an dem entsprechenden Legierungselement.

Diese, durch Karbid-, Phosphid- und Silizidbildung gedeutete Wirkung zieht sich wie ein roter Faden durch die gesamte Metallurgie der Gußeisen–Roheisen- und Stahlerzeugung und ist nicht nur im Verhalten gegenüber Schwefel ausgeprägt, sondern auch bei anderen Legierungselementen, wie z. B. bei der Abhängigkeit der Stickstofflöslichkeit in Eisenschmelzen vom Gehalt an Fe_3P und Fe_3C [1], vorhanden. Trotz der entscheidenden Bedeutung, die dieser Veränderung der Schwefellöslichkeit in Eisenschmelzen durch Kohlenstoff, Phosphor und Silizium zukommt, sind jedoch ihre metallurgischen Dreistoffsysteme und die sich aus ihnen ableitenden Verhältnisse über das veränderte Wechselspiel zwischen Metall- und Sulfidphase nur in ersten Versuchen abgetastet worden. Es sollen daher im nachfolgenden, zunächst bei den Dreistoffsystemen: Eisen–Schwefel–Kohlenstoff, Eisen–Schwefel–Phosphor und Eisen–Schwefel–Silizium die isothermen Löslichkeitsverhältnisse zwischen der Metall- und Sulfidphase mit Hilfe von Gleichgewichtsschmelzen eingehender beleuchtet und mit den bisherigen Ergebnissen des Schrifttums verglichen werden. Darauf aufbauend, kann dann die gemeinsame Wirkung von Kohlenstoff, Phosphor und Silizium herausgestellt werden.

2. Versuchsdurchführung

Bei den angestrebten Gleichgewichten der Sulfidphase mit der schmelzflüssigen Metallphase bei einer Versuchstemperatur von 1400°C war in allen Fällen ein möglichst inerter Tiegel anzustreben, um weder die Sulfid- noch die Metallphase durch systemfremde Beimengungen zu verfälschen. Aus diesem Grunde wurden bei den Schmelzreihen Eisen–Schwefel–Kohlenstoff und Eisen–Schwefel–Phosphor Korundtiegel verwendet. Sie erfüllen die gestellten Forderungen, da selbst bei der Versuchsreihe mit Kohlenstoff nur wenig mehr als zwei zehntel Prozent Aluminium durch Reduktion als Aluminiumsulfid in die Sulfidphase gelangte, während in der Metallphase praktisch keine Aluminiumkonzentration nachzuweisen war. Die zugehörigen Sättigungsschmelzen an Kohlenstoff wurden naturgemäß in Kohletiegeln und schließlich die Schmelzreihe Eisen–Schwefel–Silizium in Pythagoras-Tiegeln gefahren.

Die Schmelzversuche wurden im Tammannofen durchgeführt und der Ofen so zugestellt, daß eine genügende Ofenhöhe die geforderte Temperaturgleichheit sicherte, da andernfalls örtliche Überhitzungen das Gleichgewicht beeinflußt hätten.

Die Einsatzstoffe wurden in den Tiegeln chargiert, dieser dann in den Ofen eingesetzt und auf Versuchstemperatur gebracht. Trotz des Strebens nach einer möglichst geringen Verunreinigung der Einsätze durch fremde Stoffe, konnte die Temperaturmessung in der Schmelze vorgenommen werden, da ein Angriff der schmelzflüssigen Phasen auf das tiegelgleiche Thermoelementschutzrohr praktisch nicht stattfand.

Die Einwaagen von jeweils 70 g wurden aus käuflichem, im Kohletiegel umgeschmolzenem Eisensulfid (32,4% S, 0,1% Mn, 0,1% C, Rest Eisen), aufgekohltem Eisen und Armco-Eisen bzw. Reinsteisen zusammengestellt und innig vermischt, um eine ausreichende Reaktion aller Einsatzstoffe schon beim Einschmelzen zu sichern. Nach dem Erreichen der gewünschten Versuchstemperatur wurde die Schmelze kräftig umgerührt und anschließend 40–45 min bei konstanter Temperatur gehalten. Bei Versuchen mit längeren Haltezeiten fielen die gleichen Ergebnisse an. Die Sättigungsschmelzen an Kohlenstoff wurden ungefähr sechs Stunden bei konstanter Temperatur gehalten.

Die Temperaturmessungen fanden in der Weise statt, daß das Thermoelement nach dem Einschmelzen des Einsatzes für eine kurze Zeit in die Schmelze eintauchte, um so die Schmelztemperatur durch Ofenregulierung einstellen zu können. Dann wurde das Thermoelement angehoben, bis nur noch seine Spitze in die oben liegende Sulfidphase eintauchte. Auf diese Weise war es möglich, weiterhin die Temperatur zu kontrollieren, ohne dabei die Entmischung zu stören. Ungefähr eine Viertelstunde vor Versuchsabschluß wurde das Thermoelement ganz herausgenommen und der Tiegel nach Ablauf der Schmelzzeit schroff im Wasser abgeschreckt. Dabei mußte jedoch ein starkes Schütteln und ruckartiges Hin- und Herschwenken vermieden werden, um nicht die sich eingestellten Gleichgewichtsphasen wieder unnötig miteinander zu vermischen. Nach dem Zerschlagen des Tiegels konnte die Probe durch leichtes Klopfen zerlegt und der chemischen Untersuchung zugänglich gemacht werden.

Die Zahl der eigenen Schmelzen wurde so bemessen, daß eine genügende Anzahl von Versuchen jede der verschiedenen Mischungslücken genügend belegte. Die Analysen großer Konzentrationen an Eisen und Schwefel in der Sulfidphase sind selbstverständlich mit gewissen Fehlern verbunden. Da aber alle drei bzw. vier Elemente analysiert wurden, konnte schon aus der Gesamtsumme der Grad der Genauigkeit ersehen werden. Bei dem Ziel der vorliegenden Arbeit reichte die gewonnene Genauigkeit aus.

Die Analysenergebnisse der verschiedenen Schmelzreihen sind in den Tab. 1–6 zusammengestellt.

Tab. 1

Versuch-Nr.	Chemische Zusammensetzung in Gew.-%					
	Metall			Sulfidschicht		
	Fe	S	C	Fe	S	C
1	89,30	10,00	0,65	79,80	19,80	0,22
2	91,00	8,00	0,90	78,30	21,50	0,19
3	91,50	6,50	1,28	76,10	23,00	0,15
4	94,00	4,18	1,65	76,00	23,50	0,15
5	94,20	3,42	1,77	75,10	24,50	0,17
6	94,30	3,21	2,12	74,50	25,10	0,14
7	94,80	2,60	2,32	74,00	25,70	0,13
8	94,40	2,44	2,70	72,56	27,22	0,13
9	94,20	2,75	2,72	71,54	27,78	0,10
10	94,60	1,80	3,23	71,00	28,10	0,12
11	94,50	1,80	3,38	70,85	28,40	0,11
12	94,30	1,50	3,52	71,00	28,60	0,10
13	94,60	1,50	3,76	70,65	28,80	0,09
14	94,10	1,25	4,20	70,00	29,10	0,09
15	94,30	1,22	4,22	69,90	29,40	0,09

Tab. 2

Versuch-Nr.	Chemische Zusammensetzung in Gew.-%					
	Metall			Sulfidschicht		
	Fe	S	P	Fe	S	P
1	69,60	8,00	2,10	78,30	20,40	0,70
2	90,10	7,50	2,30	78,50	20,50	0,70
3	90,65	6,30	2,90	77,30	21,50	0,60
4	90,89	5,50	3,40	76,55	22,40	0,61
5	90,60	4,72	4,07	76,15	22,30	0,70
6	91,15	4,40	4,21	75,55	23,50	0,65
7	90,65	4,50	4,30	74,15	24,50	0,60
8	90,90	3,70	4,90	74,60	24,70	0,55
9	91,15	3,20	5,50	73,60	25,30	0,52
10	90,35	3,00	6,00	73,15	26,00	0,50
11	89,40	2,85	6,50	72,30	26,50	0,45
12	90,15	2,65	6,87	72,35	26,60	0,40
13	90,30	1,76	7,80	72,40	26,90	0,50
14	89,55	1,90	8,00	72,10	27,30	0,45
15	89,40	1,55	9,00	70,60	28,30	0,42
16	88,45	1,60	9,50	69,95	29,00	0,46
17	88,25	1,32	10,20	69,85	29,20	0,42
18	87,10	1,00	11,42	69,20	29,60	0,43
19	86,65	0,91	11,90	69,20	30,10	0,40

Tab. 3

Versuch-Nr.	Chemische Zusammensetzung in Gew.-%					
	Metall			Sulfidschicht		
	Fe	S	Si	Fe	S	Si
1	87,62	10,20	1,36	80,30	19,06	0,40
2	90,40	6,20	3,10	76,70	22,80	0,32
3	90,60	4,90	4,10	75,20	24,10	0,30
4	90,70	4,15	5,14	75,00	24,85	0,30
5	90,30	3,20	6,10	73,50	26,10	0,27
6	90,15	2,60	6,90	71,80	28,80	0,27
7	89,70	2,10	7,90	71,80	27,80	0,25
8	90,00	1,69	8,83	71,55	28,13	0,25
9	89,10	1,45	9,39	70,30	28,45	0,20
10	87,70	1,30	10,80	70,10	29,50	0,20
11	86,85	0,80	12,33	69,20	30,40	0,20
12	86,55	1,10	12,20	69,33	30,35	0,20
13	86,10	0,56	13,18	68,82	30,85	0,20
14	84,20	0,37	15,20	68,10	31,38	0,18
15	82,25	0,25	17,15	68,40	31,80	0,20
16	81,35	0,22	18,26	67,60	32,00	0,20
17	81,10	0,21	18,56	66,40	32,80	0,20
18	80,60	0,21	18,90	66,30	33,18	0,15
19	80,45	0,20	19,20	66,40	33,20	0,18
20_A	79,90	0,18	19,30	66,20	33,30	0,20
20_B	80,25	0,22	19,25	66,20	33,10	0,18
21_A	80,60	0,23	18,90	66,60	33,00	0,13
21_B	80,60	0,19	19,05	66,50	33,15	0,16

	Einwaagen			Auswaagen in Gramm	
	FeS	FeSi	Fe	Metall	Sulfidschicht
19	27,8	19,1	3,1	28,8	14,60
20_A	23,1	21,3	5,6	33,0	9,00
20_B				33,20	9,15
21_A	39,0	11,0	0,0	15,35	29,15
21_B				15,20	28,90

Tab. 4

Temperatur [°C]	Gew.-% S bei S_2-Sättigung	Chemische Zusammensetzung in Gew.-% Fe – S – C				
		Temperatur [°C]	Metall		Sulfidschicht	
			S	C	S	C
1250	36,95	1250	2,60	2,24	27,50	0,13
1260	36,78	1300	2,58	2,42	27,11	0,10
1375	36,50	1350	2,60	2,26	26,82	0,12
1400	36,00	1400	2,60	2,49	26,40	0,13
1470	36,05	1450	2,56	2,77	25,90	0,08
1540	36,00	1500	2,53	2,20	25,20	0,10
		1550	2,54	2,22	24,90	0,09

Temperatur [°C]	Chemische Zusammensetzung in Gew.-%							
	Fe – S – P				Fe – S – Si			
	Metall		Sulfidschicht		Metall		Sulfidschicht	
	S	P	S	P	S	Si	S	Si
1200	2,62	6,59	27,10	0,45	0,40	12,75	31,15	0,21
1300	2,59	6,58	26,75	0,42	0,54	12,10	30,50	0,21
1350	2,51	6,51	26,40	0,48	0,57	12,15	30,32	0,18
1400	2,60	6,55	26,38	0,47	0,63	12,45	30,18	0,19
1450	2,55	6,56	26,25	0,49	0,70	12,50	30,05	0,21
1500	2,70	6,54	25,95	0,48* *1520°	0,78	12,55	29,81	0,19

Tab. 5

Versuch-Nr.	Chemische Zusammensetzung in Gew.-%							
	Metall				Sulfidschicht			
	Fe	S	P	C	Fe	S	P	C
A 1	91,55	4,20	3,29	0,50	74,50	24,80	0,45	0,02
2	91,85	3,02	3,88	0,90	73,10	25,90	0,38	0,02
3	91,50	2,69	4,18	1,05	71,80	27,10	0,38	0,02
4	91,60	1,98	4,70	1,24	71,10	28,05	0,32	0,01
5	91,40	1,45	5,05	1,66	71,20	28,50	0,24	0,01
6	90,70	1,23	5,67	1,82	69,84	29,40	0,28	0,01
B 1	89,90	2,30	7,42	0,00	72,10	27,40	0,26	0,00
2	90,40	2,40	7,41	0,05	71,80	27,80	0,21	0,04
3	90,80	2,10	7,13	0,31	70,80	28,10	0,23	0,00
4	91,50	1,90	6,93	0,54	71,33	28,20	0,17	0,05
5	90,60	1,85	6,60	0,80	71,25	28,35	0,16	0,05
6	90,60	1,65	6,25	1,10	70,90	28,72	0,15	0,04
7	91,60	1,40	6,38	1,24	70,15	29,10	0,15	0,00
8	91,95	1,40	5,60	1,60	70,28	29,10	0,12	0,00
9	91,40	1,30	5,38	1,98	70,13	29,45	0,12	0,00
10	91,55	1,15	5,05	2,22	69,90	29,60	0,11	0,00
11	91,50	1,10	4,80	2,48	69,58	29,92	0,10	0,00
12	91,20	0,98	4,70	2,77	69,30	30,30	0,09	0,00
C 1	92,95	5,50	0,00	1,30	76,90	22,71	0,00	0,10
2	92,75	5,02	0,77	1,15	76,60	23,05	0,21	0,14
3	92,69	4,04	1,15	1,38	75,11	24,41	0,20	0,05
4	92,72	3,27	1,84	1,44	74,27	25,30	0,26	0,05
5	92,81	2,76	2,44	1,48	73,40	26,00	0,28	0,05
6	93,15	2,84	2,85	1,36	73,19	26,10	0,28	0,04
7	92,52	2,36	3,19	1,41	72,13	27,00	0,27	0,02
8	92,15	2,06	4,08	1,39	71,35	27,55	0,22	0,02
9	91,47	1,84	4,76	1,42	70,82	28,18	0,26	0,02
10	91,53	1,39	5,56	1,52	70,83	28,80	0,25	0,02
11	90,73	1,06	6,75	1,46	70,00	29,35	0,29	0,02
12	90,62	1,00	7,10	1,28	70,09	29,32	0,22	0,02
13	90,31	0,78	8,56	1,41	69,82	29,70	0,26	0,02
14	88,39	0,63	9,60	1,38	67,79	31,38	0,20	0,02

Tab. 6

Versuch-Nr.	Chemische Zusammensetzung in Gew.-%							
	Metall				Sulfidschicht			
	Fe	S	Si	C	Fe	S	Si	C
D 1	93,30	4,90	0,00	1,50	75,72	23,90	0,00	0,12
2	93,47	4,03	0,77	1,38	75,35	24,20	0,11	0,11
3	93,11	3,24	1,86	1,48	73,20	25,68	0,06	0,07
4	92,50	2,20	2,95	1,63	72,15	27,00	0,24	0,06
5	92,40	1,98	4,08	1,45	72,22	27,58	0,19	0,03
6	91,40	1,92	4,76	1,60	71,15	28,40	0,18	0,01
7	91,10	1,49	5,93	1,44	70,60	29,07	0,09	0,00
8	89,90	1,50	6,80	1,45	70,10	29,68	0,01	0,02
9	88,70	1,21	7,64	1,60	69,40	30,30	0,01	0,02
10	88,60	0,93	8,65	1,50	68,90	30,80	0,10	0,01
11	87,70	0,90	9,11	1,45	68,30	30,95	0,10	0,02
12	86,40	0,72	11,05	1,40	68,10	30,85	0,08	0,01
E 1	91,40	5,88	1,90	0,50	76,56	22,88	0,13	0,05
2	92,20	4,44	2,44	0,78	75,20	24,48	0,10	0,04
3	92,30	3,21	3,21	1,05	73,50	25,90	0,10	0,00
4	92,70	2,05	3,48	1,52	72,20	27,50	0,08	0,00
5	92,40	1,47	4,02	2,06	71,10	28,60	0,07	0,00
6	91,40	0,84	5,02	2,56	70,34	29,82	0,07	0,00
7	91,60	0,63	4,76	3,00	69,62	30,10	0,05	0,00
8	91,10	0,60	5,23	2,97	69,70	29,98	0,05	0,00

3. Die Schmelzgleichgewichte im System Eisen–Schwefel–Kohlenstoff bei 1400° C

Über das System Eisen–Schwefel–Kohlenstoff liegen bereits einige Untersuchungen vor. So stellen z. B. H. HANEMANN und A. SCHILDKÖTTER [4] als auch R. VOGEL und G. RITZAU [5] eine weit in die eisenreiche Ecke des Systems ragende verhältnismäßig steil einfallende Mischungslücke im flüssigen Zustand fest. Doch weichen ihre Löslichkeitskurven durch einen gewölbteren Verlauf bei R. VOGEL und G. RITZAU etwas voneinander ab. So betragen z. B. bei 3,5% Kohlenstoff in der Metallphase bzw. 20% Schwefel in der Sulfidphase die Schwefel- und Kohlenstoffgehalte bei H. HANEMANN und A. SCHILDKÖTTER 1,3% Schwefel und ca. 0,6% Kohlenstoff, bei R. VOGEL und G. RITZAU dagegen 0,9% Schwefel und ca. 0,45% Kohlenstoff. Vor allem aber strebt bei H. HANEMANN und A. SCHILDKÖTTER die Mischungslücke ohne Angabe eines kritischen Punktes mit wachsendem Eisensulfidgehalt stetig der Eisensulfidecke zu, während R. VOGEL und G. RITZAU eine rückläufige Mischungslücke bei hohen Eisensulfidgehalten finden und ihren kritischen Punkt bei 1,2% Kohlenstoff und 7,5% Schwefel festlegen. Diese Konzentrationen des kritischen Punktes stehen im Widerspruch zu der bereits diskutierten Abschätzung über die Lage des Wendepunktes der Liquiduslinie im reinen System Eisen–Eisensulfid bei ca. 15% Schwefel, da erwartungsgemäß der kritische Punkt der Mischungslücke in Höhe dieses Wendepunktes liegen sollte.

Die Grenzen der Mischungslücke bei Kohlenstoffsättigung sind bisher für Temperaturen von 1300 bis 2000° C von A. NORRÖ und S. LUNDQUIST [6] untersucht worden. Jedoch verwandten die Forscher eine eigenartige Methode der Probennahme und analysierten noch dazu den Kohlenstoffgehalt nicht, sondern berechneten ihn, so daß ihre Ergebnisse mit Recht anzuzweifeln sind. Sie fanden z. B. bei 1400° C in der Metallphase 4,2% Kohlenstoff und 2,5% Schwefel bzw. 27,5% Schwefel und 0,4% Kohlenstoff in der Sulfidphase.

Diesen genannten Werten des Schrifttums stehen die eigenen Versuchsergebnisse der Abb. 1 für eine Schmelztemperatur von 1400° C gegenüber. Sie weisen aus, daß nur etwas mehr als 0,38% Kohlenstoff genügen, um die Neigung zur Entmischung zu einer Mischungslücke bKc aufreißen zu lassen. In dieser Mischungslücke verstärken sich die Konzentrationsdifferenzen zwischen beiden Phasen mit steigenden Kohlenstoffgehalten der Metallschmelze nicht nur sehr ausgeprägt, sondern verändern sich sogar gegenläufig. So steigen die Schwefelwerte der Sulfidphase bei noch weiter abnehmendem Kohlenstoffgehalt, während umgekehrt die Schwefelkonzentrationen der Metallschmelze mit steigenden Kohlenstoffgehalten sinken. Bei den Konzentrationen von etwa 1,5% Schwefel und 4,21% Kohlenstoff in der Metallschmelze bzw. 29,6% Schwefel und 0,1% Kohlenstoff in der Sulfidphase erreicht die Mischungslücke die Kohlenstoffsättigung.

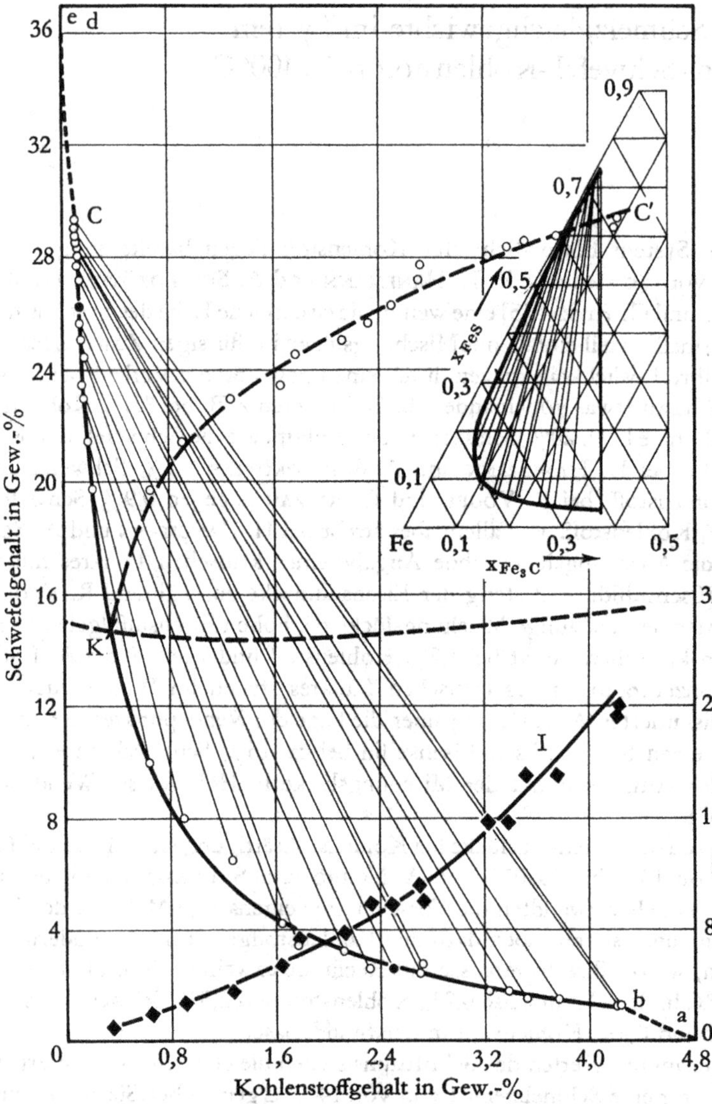

Abb. 1 1400° C-Isotherme im System Eisen–Schwefel–Kohlenstoff

Bei dieser Gegenläufigkeit der miteinander im Gleichgewicht stehenden Schwefelgehalte in der Metall- und Sulfidphase und den kleinen Kohlenstoffgehalten in der letzteren gestattet es leider die Darstellung im rechtwinkligen Koordinatensystem der Abb. 1 nicht mehr, die korrespondierenden Werte richtig zuzuordnen und die Lage des kritischen Punktes genau genug aus dem Verlauf der Konodenhalbierenden abzuschätzen. Es erweist sich daher im Sinne dieser gewünschten Aussage als praktischer, den Schwefelwerten der Metallphase Kb, wie in Abb. 1 durch die Linie Kc' veranschaulicht, die zugehörigen Schwefelgehalte der Sulfidphase Kc bei

gleichen Kohlenstoffkonzentrationen unmittelbar gegenüberzustellen, um so ausgleichende Kurvenzüge für beide Phasen zu finden. In einer solchen Auswertung ergeben sich nämlich der Schwefelgehalt des kritischen Punktes und seine Kohlenstoffkonzentration zwangsläufig aus dem Gang der gestrichelt eingezeichneten Mittelwerte zwischen den beiden Kurven Kb und Kc' bis hin zum kritischen Punkt. Die Konzentrationsdifferenzen werden immer kleiner und fallen im kritischen Punkt zu einem Punkt bei 14,7% Schwefel und 0,38% Kohlenstoff zusammen. Darüber hinaus läßt der Gang der Mittelwerte in Übereinstimmung mit der Lage des Wendepunktes in der Liquiduslinie des Eisens auf eine maximale Neigung zur Entmischung im reinen System bei 15,1% Schwefel schließen.
Durch das Aufreißen zur Mischungslücke ändert sich, entsprechend dem Verlauf der Kurve I in Abb. 1, das Verhältnis der Schwefelgehalte in der Metall- und Sulfidphase mit wachsendem Kohlenstoffgehalt. Im kritischen Punkt ist das Verhältnis beider gleich 1, strebt aber größeren Werten zu, wenn der Schwefel mehr und mehr in die Sulfidphase wandert.
Aus weiteren Schmelzversuchen im Temperaturbereich von 1250 bis 1550° C kann gefolgert werden, daß die Temperaturabhängigkeit der Schwefelverteilung gering ist und die Mischungslücke im System Eisen–Schwefel–Kohlenstoff ziemlich steil einfällt.

4. Die Schmelzgleichgewichte im System Eisen–Schwefel–Phosphor bei 1400° C

Über die Schmelzgleichgewichte des Systems Eisen–Schwefel–Phosphor liegen Untersuchungen von R. VOGEL und O. DE VRIES [7] vor. Ihre Ergebnisse beschreiben im Teilsystem Eisen–Eisensulfid–Eisenphosphid eine Mischungslücke

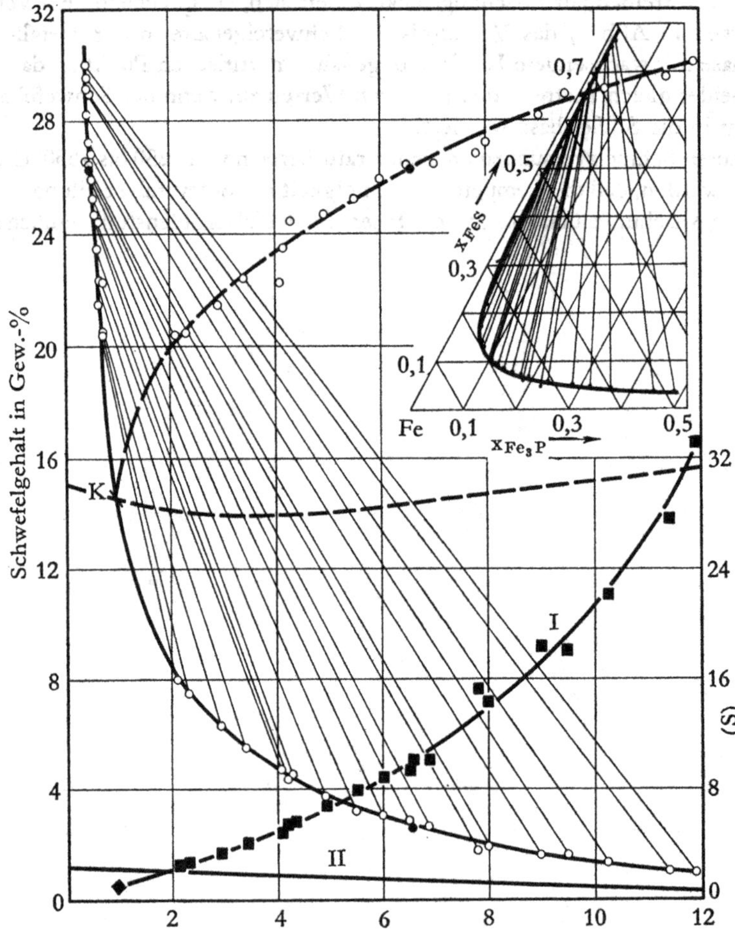

Abb. 2 1400° C-Isotherme im System Eisen–Schwefel–Phosphor und die zugehörige Schwefelverteilung in Abhängigkeit vom Phosphorgehalt der Metallphase (Kurve I) sowie die schwefelverdrängende Wirkung des Phosphors bei Kohlenstoffsättigung (Kurve II)

im flüssigen Zustand, die sich, vom Randsystem Eisensulfid–Eisenphosphid ausgehend, weit in die Eisenecke hineinschiebt. Sie sollte sich jedoch etwas oberhalb 1400° C wieder schließen. Es weisen bereits die Forscher auf die Ähnlichkeit mit dem System Eisen–Schwefel–Kohlenstoff hin. Die Lage des kritischen Punktes aber bei 1240° C mit 4,0% Phosphor und 4,5% Schwefel steht wiederum im Widerspruch zur Lage des Wendepunktes auf der Liquiduslinie des Systems Eisen–Eisensulfid.

Die eigenen Ergebnisse der Abb. 2 bestätigen zwar grundsätzlich die von R. Vogel und O. de Vries beschriebene Existenz einer Mischungslücke, jedoch weder die vermutete Temperaturabhängigkeit noch die Lage des kritischen Punktes. Vielmehr genügen auch bei diesem System schon 0,95% Phosphor, um bei 14,6% Schwefel die Neigung zur Entmischung zur Mischungslücke aufreißen zu lassen.

Die schwefelverdrängende Wirkung des Phosphors ist also weitgehend ähnlich jener des Kohlenstoffes und besonders gut im Gang der Schwefelverteilung (S)/[S] an Hand der Kurven I in den Abb. 1 und 2 zu vergleichen.

Aus diesen Ergebnissen der Schmelzreihe Eisen–Schwefel–Phosphor folgt für die technischen Schmelzen, insbesondere für das Gußeisen, der durch Schliffbilder immer wieder bestätigte Hinweis, daß sich Eisenphosphid und Eisensulfid sehr wenig miteinander mischen. Es treten daher im Steaditeutektikum die Sulfide getrennt von den Phosphiden auf. Bei der Erstarrung phosphor- und schwefelhaltiger, und insbesondere kohlenstoffhaltiger Eisenschmelzen muß sich also mit der Kristallisation des Eisens aus der Restschmelze sehr bald eine Sulfidphase abspalten, wenn die Phosphor- und Schwefelkonzentrationen in die Mischungslücke geraten.

Ergänzende Schmelzversuche im Temperaturbereich von 1200 bis 1520° C weisen auch in diesem System auf eine geringe Temperaturabhängigkeit der Schwefelverteilung und damit ebenfalls auf einen steilen Einfall der Mischungslücke.

5. Die Schmelzgleichgewichte im System Eisen–Schwefel–Silizium bei 1400° C

Im Schrifttum werden über die eisenreiche Ecke des Diagrammes Eisen–Schwefel–Silizium keine vollständigen Angaben gemacht. Wohl sind bei Schmelzversuchen von W. Oelsen und H. Maetz [8] im kohlenstoffgesättigten System zwei Isothermen bei 1700 und 1800° C gefahren worden, um im Zusammenhang mit der Siliziumreduktion im Hochofen die Möglichkeiten der Entschwefelung von kohlenstoffhaltigem Roheisen bei hohen Si-Gehalten über gasförmiges SiS bzw. SiS_2 zu klären.

Als Ergebnis dieser Versuche kann gefolgert werden, daß jedenfalls in kohlenstoffgesättigten Eisenschmelzen bei vorgegebenem Schwefelgehalt von bestimmten Siliziumzusätzen ab sehr wohl ein merkliches Abdampfen von Siliziumsulfid zu beobachten ist und dabei die Schwefelgehalte entsprechend stark vermindert werden. Eigenartig und von W. Oelsen und H. Maetz näher beschrieben und zu deuten versucht, ist der Verlauf der beiden Löslichkeitsisothermen. Sie bewegen sich gewissermaßen in zwei Wellen zu niedrigeren Schwefelwerten bei höheren Siliziumkonzentrationen. Das Aufreißen einer Mischungslücke konnte jedoch nicht beobachtet werden.

Für das hier interessierende System Eisen–Schwefel–Silizium ist der Hinweis wichtig, daß bei hohen Temperaturen und entsprechend hohen Silizium- und Schwefelkonzentrationen mit dem Abdampfen eines Siliziumsulfides gerechnet werden muß. Es ist jedoch nicht ohne weiteres vorauszusagen, ob wenigstens bei tieferen Temperaturen eine Mischungslücke wie bei Kohlenstoff und Phosphor aufreißt oder ob auch hier bereits bei geringen Siliziumgehalten die Bildung des gasförmigen Siliziumsulfides die sich einander zuordnenden Schwefel- und Siliziumgehalte der Metallphase bestimmt.

Mit den eigenen Schmelzergebnissen der Abb. 3 bei 1400° C kann diese Frage eindeutig dahingehend beantwortet werden, daß, wie bei den vorausbesprochenen Systemen, die ersten Siliziumzusätze zu einer Eisen–Schwefel-Schmelze die Neigung zur Entmischung zu einer Mischungslücke mit einem kritischen Punkt bei 14,9% Schwefel und 0,65% Silizium aufreißen lassen. Vor allem ist bei hohen Siliziumkonzentrationen die schwefelverdrängende Wirkung des Siliziums in eisenreichen Schmelzen weit ausgeprägter als bei Kohlenstoff und Phosphor. So werden bei Siliziumgehalten von 15% bereits Schwefelwerte von 0,4% in der Metallphase und von 31,2% in der Sulfidphase erreicht.

Es macht sich in der Schwefelverteilung der Kurve I der Abb. 3 der verdrängende Einfluß des Siliziums durch ein starkes Anwachsen der Zahlenwerte beim Überschreiten der Konzentration von 10% Silizium bemerkbar. Es ist dies wohl ein Ergebnis der Tatsache, daß nach den neuen Untersuchungen [9] über den Aktivitätsverlauf in Eisen–Silizium-Schmelzen die Wirksamkeit des Silizium gerade bei

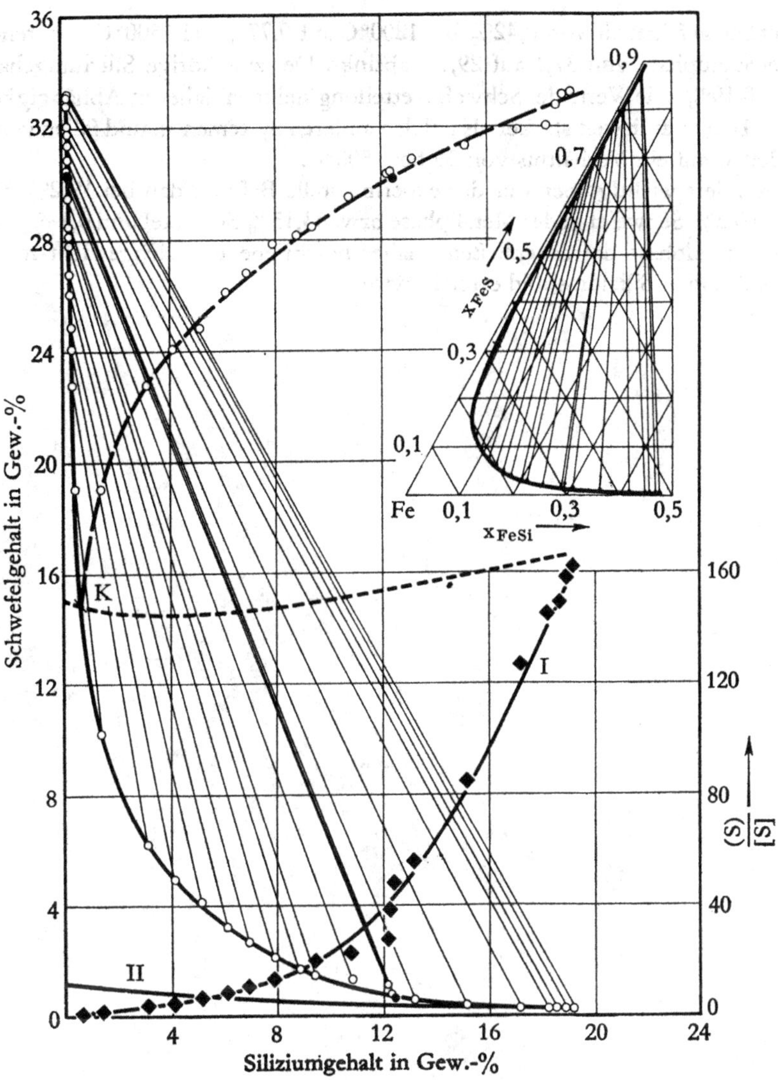

Abb. 3 1400° C-Isotherme im System Eisen–Schwefel–Silizium und die zugehörige Schwefelverteilung in Abhängigkeit vom Siliziumgehalt der Metallphase (Kurve I) sowie die schwefelverdrängende Wirkung des Siliziums bei Kohlenstoffsättigung (Kurve II)

diesem Gehalt beginnend merklich ansteigt. Ob diese Wirksamkeit des Siliziums, wie W. OELSEN und H. MAETZ vermuteten, mit der Bildung der Verbindung Fe_3Si in Zusammenhang zu bringen ist, kann hier nicht entschieden werden.
Die Temperaturabhängigkeit der Schwefelverteilung ist bei siliziumhaltigen Eisenschmelzen augeprägter als bei Gegenwart von Kohlenstoff und Phosphor. So steigt z. B. allein in der Metallphase bei mittleren Siliziumgehalten von 12,45%

der Schwefelgehalt von 0,42% bei 1200°C auf 0,77% bei 1500°C, während er in der Sulfidphase von 31,1 auf 29,7% absinkt. Der zugehörige Siliziumgehalt liegt bei 0,19%. Die Werte der Schwefelverteilung nehmen daher in Abhängigkeit von der Temperatur weit stärker als bei den anderen Systemen ab und fallen von 74 bei 1200°C auf ein Verhältnis von 39 bei 1500°C.

Besonders wichtig aber war der experimentelle Befund, daß bei 19,2% Silizium und 0,2% Schwefel in der Metallphase bzw. 33,15% Schwefel und 0,18% Silizium der Sulfidphase das anschließend näher beschriebene Gleichgewicht mit einem gasförmigen Siliziumsulfid erreicht wird.

6. Sättigung an gasförmigem Siliziumsulfid und Verlauf der 1400° C-Isotherme

Dieses Auftreten gasförmigen Siliziumsulfides warf natürlich die Frage auf, mit welchem Siliziumsulfid die Metall- und Sulfidphase im Gleichgewicht steht und wie sich darüber hinaus der Verlauf der 1400° C-Isotherme sowohl bei höheren Silizium- als auch Schwefelgehalten gestaltet.

Um dieser Frage nachzugehen, wurden fünf Schmelzen mit unterschiedlichen Einwaagen an aufgeschwefeltem Eisensulfid und Ferrosilizium gefahren. Sie begannen mit Erreichen der Schmelztemperatur stark zu rauchen und wurden so lange bei konstanter Temperatur gehalten, bis keine Blasenentwicklungen mehr eintraten. Nach dem Abkühlen der Schmelze wurden beide Phasen der Probe gewogen, anschließend analysiert und in Abb. 4 nach Einwaage und Auswaage eingezeichnet. Die gewogene Zusammensetzung und die Endanalyse legen auf diese Weise mit ihren auf das Randsystem Silizium–Schwefel verlängerten Strahlen die abge-

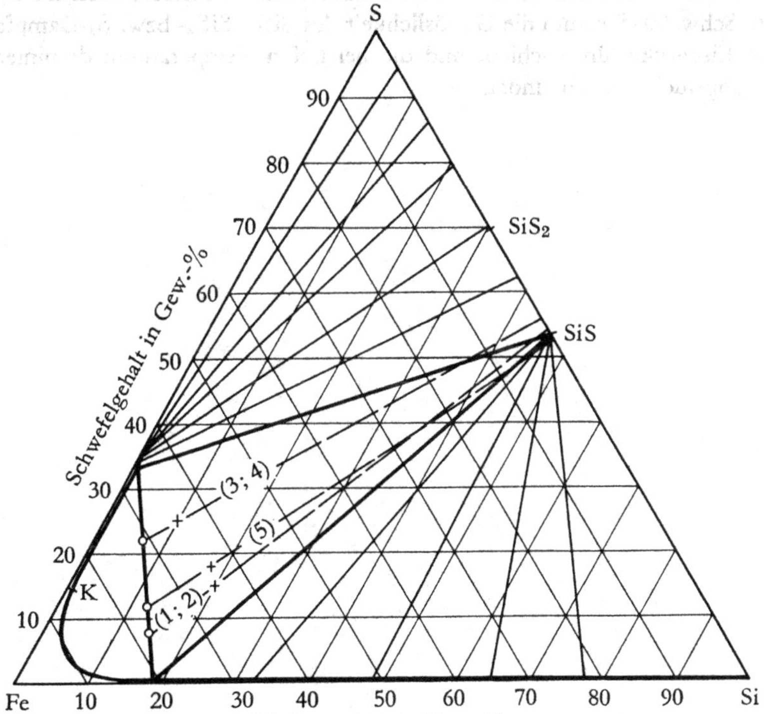

Abb. 4 1400° C-Isotherme im Bereich der Mischungslücke und bei Sättigung an SiS

dampfte Phase fest. Alle fünf Strahlen weisen mit nur geringer Streuung auf das Siliziumsulfid SiS. Es soll jedoch damit nicht in Frage gestellt werden, ob auch geringe Anteile SiS_2 im Abgas gewesen sein können. Auf Grund dieses Befundes kann nunmehr für die 1400° C-Isotherme des Gesamtsystems gefolgert werden, daß siliziumreiche Eisenschmelzen bis herüber zum reinen Silizium mit dem Siliziumsulfid SiS im Gleichgewicht stehen, ohne natürlich quantitative Angaben über den stetig fallenden Schwefelgehalt in siliziumreichen Schmelzen machen zu können.

Aber nicht nur bei der siliziumreichen Metallphase wird die Schwefellöslichkeit durch die Löslichkeit des Siliziumsulfides SiS bestimmt. Auch bei den hohen Schwefelgehalten der sulfidreichen Phase oberhalb der letzten Schmelze der Mischungslücke muß zunächst mit einer Siliziumlöslichkeit in der Sulfidphase gerechnet werden, die von dem gasförmigen Siliziumsulfid SiS bestimmt wird.

Wie sich aber bei höheren Temperaturen dieses Gasgleichgewicht beim Anstieg der Schwefelwerte in der Sulfidphase bis hin zum Gleichgewichtswert $p_{S_2} = 1$ Atm verschiebt und in welchem Umfange dabei das durch W. Oelsen und H. Maetz selbst bei hohen Temperaturen von 1700 und 1800° C nachgewiesene Siliziumsulfid SiS_2 eine Rolle spielt, muß einer späteren Untersuchung vorbehalten bleiben. Vor allem dürfte es dabei reizvoll sein, der Frage nachzugehen, ob sich am Ende, wie bei den Untersuchungen von W. Oelsen und H. Maetz, auch im System Eisen–Schwefel–Silizium die Gaslöslichkeit des SiS—SiS_2- bzw. S_2-Dampfes bis in die Eisenecke hineinschiebt und die bei tiefen Temperaturen dominierende Mischungslücke verschwindet.

7. Vergleich der schwefelverdrängenden Wirkung von Kohlenstoff, Phosphor und Silizium

Schon bei der Erörterung der eigenen Versuchsergebnisse wurde immer wieder auf die Ähnlichkeit im Verhalten des Elementes Phosphor und auch des Siliziums zu demjenigen des Kohlenstoffes hingewiesen. Dieser qualitative Befund läßt sich aber deutlicher veranschaulichen, wenn die Konzentrationen gleicher schwefelverdrängender Wirkung, wie in Abb. 5, Kurve I, verfahren, einander gegenübergestellt werden; denn nunmehr wird gerade bei den Elementen Phosphor und Kohlenstoff deutlich, daß sie sich in ihrer verdrängenden Wirkung praktisch in der Weise proportional verhalten, daß 2,57% Phosphor 1% Kohlenstoff ersetzen bzw. daß der Phosphor sich in seiner schwefelverdrängenden Wirkung im Verhältnis C/P = 1/2,57 = 0,39 von der des Kohlenstoffes unterscheidet.
Nicht ganz so streng proportional verhalten sich Kohlenstoff und Silizium und Phosphor und Silizium, da bei steigenden Siliziumkonzentrationen die verdrängende Wirkung stetig größer wird. Aber auch hier ist mit den Kurven II und III der Abb. 5 in grober Näherung ein fast proportionales Verhalten in der schwefelverdrängenden Wirkung im Verhältnis C/Si = 0,39 bzw. Si/P = 1 deutlich zu er-

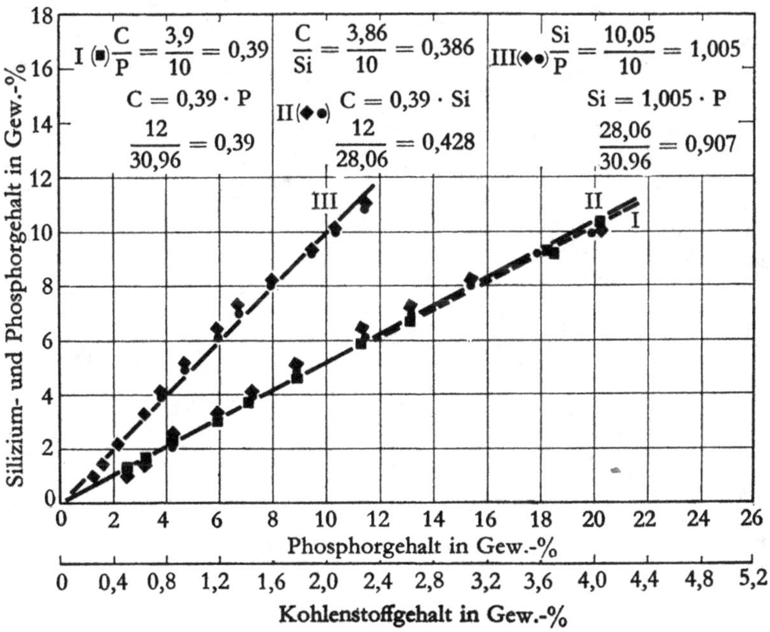

Abb. 5 Vergleich der schwefelverdrängenden Wirkung von Kohlenstoff, Phosphor und Silizium

kennen. Es ist vor allem das proportionale Verhalten zwischen Kohlenstoff und Phosphor, aber auch zwischen Kohlenstoff und Silizium bzw. Silizium und Phosphor insofern interessant, als der jeweilige Äquivalenzfaktor im ersten Falle völlig, in den beiden übrigen jedenfalls nahezu übereinstimmt mit dem Verhältnis der Atomgewichte $\left(\frac{C}{P} = \frac{12}{30{,}96} = 0{,}39;\ \frac{C}{Si} = \frac{12}{28{,}06} = 0{,}428;\ \frac{Si}{P} = \frac{28{,}06}{30{,}96} = 0{,}907\right)$.

Bereits bei der Diskussion des Schrifttums wurde im Falle des Stickstoffes [1] wie auch der Mangan–Silizium-Reaktion [10] die Wirkung der Kohlenstoff-, Phosphor- und Siliziumgehalte auf die Bildung von Karbiden, Phosphiden und Siliziden in der Schmelze zurückgeführt. Die schwefelverdrängende Wirkung dieser Legierungselemente bei den eigenen Versuchsergebnissen läßt sich gleichfalls nur mit dieser Annahme sinnvoll deuten, zumal die Gleichartigkeit im Verhalten der Elemente Phosphor und Silizium zur Kohle auf gleichartige Bindungsverhältnisse in der schmelzflüssigen Eisenphase schließen lassen, wie es jedenfalls im festen Zustand durch die Verbindungen Fe_3C, Fe_3P und möglicherweise auch Fe_3Si zum Ausdruck kommt.

8. Schmelzgleichgewichte bei Gegenwart jeweils zweier Legierungselemente und deren Einfluß auf die Schwefelverteilung

Aufbauend auf diesen Ergebnissen der schwefelverdrängenden Wirkung von Kohlenstoff, Phosphor und Silizium in ihren entsprechenden Dreistoffsystemen mit Eisen und Schwefel, war es reizvoll, der Frage nachzugehen, wie sich die gleichzeitige Gegenwart zweier Elemente auf die Schwefelverteilung auswirkt.

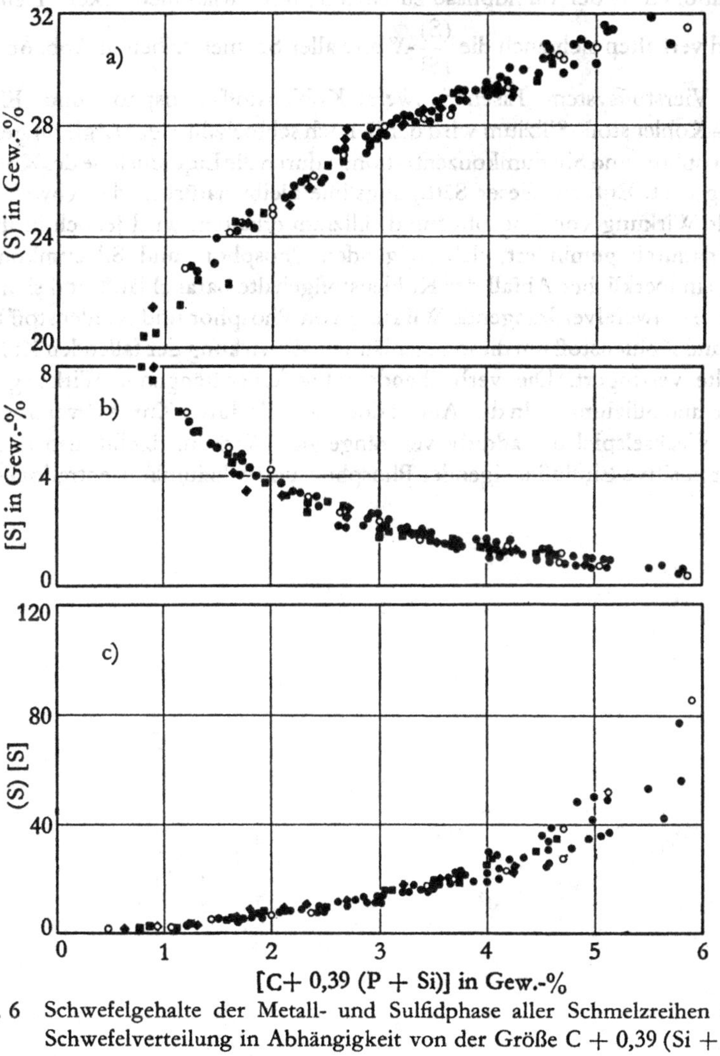

Abb. 6 Schwefelgehalte der Metall- und Sulfidphase aller Schmelzreihen sowie die Schwefelverteilung in Abhängigkeit von der Größe C + 0,39 (Si + P)

Es würde an dieser Stelle zu weit führen, die Schmelzergebnisse der gemeinsamen Wirkung von Kohlenstoff und Phosphor, Kohlenstoff und Silizium sowie Phosphor und Silizium im einzelnen zu besprechen. Vielmehr sei sogleich mit Abb. 6a veranschaulicht, daß bei gleichzeitiger Gegenwart von Phosphor, Kohlenstoff und Silizium in Eisenschmelzen die gemeinsame schwefelverdrängende Wirkung beim Gleichgewicht mit fast reinem Eisensulfid für alle Schmelzreihen in der Abhängigkeit von der Größe C + 0,39 (Si + P) zu einer Darstellung zusammengefaßt werden kann.

Dabei ist es vor allem höchst überraschend, daß, in dieser Weise ausgewertet, nicht nur die Schwefelgehalte der Metallphase mit einer praktisch geringen Streuung auf einer einzigen Linie zusammenfallen, sondern auch die Schwefelkonzentrationen in der Sulfidphase zu einer Kurve zusammenrücken. Dementsprechend verhalten sich auch die $\frac{(S)}{[S]}$-Werte aller Schmelzreihen in Abb. 6c.

In dem Vierstoffsystem Eisen–Schwefel–Kohlenstoff–Phosphor und Eisen–Schwefel–Kohlenstoff–Silizium wird der Bereich schmelzflüssiger Legierungen bei hohen Phosphor- und Siliziumkonzentrationen durch die Liquiduslinie des Kohlenstoffes begrenzt. Entlang dieser Sättigungslinie bleibt natürlich die schwefelverdrängende Wirkung von Phosphor und Silizium erhalten, wird jedoch in ihrem Ausmaß dadurch gemindert, daß steigenden Phosphor- und Siliziumkonzentrationen ein merklicher Abfall der Kohlenstoffgehalte parallel läuft und sich also die additive schwefelverdrängende Wirkung von Phosphor und Kohlenstoff bzw. Silizium und Kohlenstoff um diese gegenläufige Mitwirkung der fallenden Kohlenstoffgehalte verringert. Die verbleibende schwefelverdrängende Wirkung von Phosphor und Silizium ist in den Abb. 2 und 3 jeweils durch Kurve II veranschaulicht. Im Wechselspiel der additiv verdrängenden Wirkung bleibt also in allen Fällen der positive Einfluß steigender Phosphor- und Siliziumkonzentrationen erhalten.

9. Vergleich mit den Betriebsergebnissen des Schrifttums

Bei technischen Schmelzen hat man es praktisch nie mit Bad–Schlacken-Reaktionen zwischen kohlenstoff-, silizium- und phosphorhaltigen Eisenschmelzen und reinenEisensulfiden zu tun. Vielmehr wird im allgemeinen eine oxydische Schlacke den Schwefel gelöst enthalten und seine Eisensulfidkonzentrationen die Höhe des gelösten Schwefels im Metallbad bestimmen. Aber auch bei diesen in Lösung gehenden Schwefelkonzentrationen in der Metallphase bleibt die schwefelverdrängende Wirkung der zugesetzten Elemente erhalten.

In diesem Sinne lassen sich jene Betriebswerte verschiedener im Kupolofen umgeschmolzener Gußeisenlegierungen diskutieren, aus denen F. Roll [11] eine Abhängigkeit des Schwefels vom Siliziumgehalt des Gußeisens herleitet. Die von ihm gefolgerte schwefelverdrängende Wirkung des Siliziums zeigt die gleiche Tendenz wie die eigenen Ergebnisse. Mehr kann nicht erwartet, aber auch nicht gefolgert werden, zumal bei den üblichen Konzentrationen des Mangans in Gußeisenlegierungen durch Bildung von Mangansulfid die Schwefelgehalte an sich schon bei niedrigeren Werten liegen sollten [12]. Doch ist die Wirkung des Mangans in reinen Eisen–Schwefel-Kohlenstoff-Schmelzen stets nur der löslichkeitsvermindernden Wirkung des Siliziums überlagert.

10. Zusammenfassung

Die Neigung zur Entmischung im System Eisen–Schwefel wird schon durch geringe Zusätze an Phosphor, Kohlenstoff und Silizium zur Mischungslücke ausgelöst.
Die eigenen Ergebnisse gehen dabei über die ersten, zum Teil unvollständigen Angaben des Schrifttums hinaus und weisen vor allem eine Gleichartigkeit in der schwefelverdrängenden Wirkung mit steigenden Zusätzen aus. Es lassen sich der Einfluß von Phosphor und Silizium, in letzterem Falle bei mittleren Konzentrationen, durch den Faktor 0,39 auf denjenigen des Kohlenstoffes zurückführen und die gleichzeitige, praktisch additive verdrängende Wirkung von Kohlenstoff, Phosphor und Silizium durch die Größe C + 0,39 (Si + P) beschreiben.

Dem Kultusministerium des Landes Nordrhein-Westfalen sei für die Bereitstellung der Mittel zur Durchführung dieser Arbeit gedankt.

Prof. Dr.-Ing. Eberhard Schürmann
Dr.-Ing. Horst-Carsten Groth

Literaturverzeichnis

[1] Kootz, Th., Archiv f. d. Eisenhüttenwesen (15), 1941/42, S. 77–82.
[2] Hansen, M., Constitution of Binary Alloys (1958), McGraw-Hill Book Company, Inc. New. York, S. 704–708.
[3] Kitchener, J., J. Bockris und A. Libermann, Disc. Farad. Soc. (1948), S. 49–60.
[4] Hanemann, H., und A. Schildkötter, Archiv f. d. Eisenhüttenwesen (1929), S. 427–435.
[5] Vogel, R., und G. Ritzau, Archiv f. d. Eisenhüttenwesen (1931), S. 549–556.
[6] Norrö, A., und S. Lundquist, Jernkontorets Annaler (1946), S. 118–126.
[7] Vogel, R., und O. de Vries, Archiv f. d. Eisenhüttenwesen (1931), S. 613–620.
[8] Oelsen, W., und H. Maetz, Archiv f. d. Eisenhüttenwesen 20 (1949), Heft 1/2, S. 53–58.
[9] Sanbongi, K., und U. Ohtani, The 53rd report of the Research Institute of Mineral Dressing and Metallurgy.
[10] Körber, F., und W. Oelsen, Mitt. Kais.-Wilh.-Inst. Eisenforsch., Düsseldorf 1936, S. 109–130.
[11] Roll, F., Gießerei (1934), S. 349/50.
[12] Schürmann, E., Aus Wissenschaft und Praxis des Gießereiwesens (1955), S. 51–63.

FORSCHUNGSBERICHTE DES LANDES NORDRHEIN-WESTFALEN

Herausgegeben im Auftrage des Ministerpräsidenten Dr. Franz Meyers
von Staatssekretär Prof. Dr. h. c. Dr.-Ing. E. h. Leo Brandt

HÜTTENWESEN · WERKSTOFFKUNDE

HEFT 4
Prof. Dr. med. Erich A. Müller und Dipl.-Ing. H. Spitzer, Max-Planck-Institut für Arbeitsphysiologie, Dortmund
Untersuchungen über die Hitzebelastung in Hüttenbetrieben
1952. 20 Seiten, 5 Abb., 1 Tabelle. DM 9,—

HEFT 48
Max-Planck-Institut für Eisenforschung, Düsseldorf
Spektrochemische Analyse der Gefügebestandteile in Stählen nach ihrer Isolierung
1953. 31 Seiten, 12 Abb., 5 Tabellen. DM 7,80

HEFT 49
Max-Planck-Institut für Eisenforschung, Düsseldorf
Untersuchungen über Ablauf der Desoxydation und die Bildung von Einschlüssen in Stählen
1953. 45 Seiten, 19 Abb., 3 Tabellen. Vergriffen

HEFT 50
Max-Planck-Institut für Eisenforschung, Düsseldorf
Flammenspektralanalytische Untersuchung der Ferritzusammensetzung in Stählen
1953. 34 Seiten, 15 Abb., 4 Tabellen. DM 8,60

HEFT 74
Max-Planck-Institut für Eisenforschung, Düsseldorf
Versuche zur Klärung des Umwandlungsverhaltens eines sonderkarbidbildenden Chromstahls
1954. 48 Seiten, 10 Abb. DM 14,—

HEFT 75
Max-Planck-Institut für Eisenforschung, Düsseldorf
Zeit-Temperatur-Umwandlungs-Schaubilder als Grundlage der Wärmebehandlung der Stähle
1954. 34 Seiten, 13 Abb. DM 8,70

HEFT 89
Verein Deutscher Ingenieure, Gleitlagerforschung, Düsseldorf, und Prof. Dr.-Ing. G. Vogelpohl, Göttingen
Versuche mit Preßstoff-Lagern für Walzwerke
1954. 57 Seiten, 34 Abb. DM 14,10

HEFT 96
Dr.-Ing. Paul Koch, Dortmund
Austritt von Exoelektronen aus Metalloberflächen unter Berücksichtigung der Verwendung des Effektes für die Materialprüfung
1954. 21 Seiten, 13 Abb. DM 7,—

HEFT 105
Dr.-Ing. Robert Meldau, Harsewinkel/Westf.
Auswertung von Gekörn – Analysen des Musterstaubes »Flugasche Fortuna I«
1955. 28 Seiten, 14 Abb. DM 8,50

HEFT 132
Prof. Dr. phil. nat. W. Seith, Münster
Über Diffusionserscheinungen in festen Metallen
1955. 27 Seiten, 19 Abb., 4 Tabellen. DM 9,10

HEFT 143
Prof. Dr. phil. Franz Wever, Dr. phil. Adolf Rose und Dipl.-Ing. W. Straßburg, Max-Planck-Institut für Eisenforschung, Düsseldorf
Härtbarkeit und Umwandlungsverhalten der Stähle
1955. 33 Seiten, 12 Abb., 3 Tabellen. DM 10,70

HEFT 153
Prof. Dr.phil. Franz Wever, Dr.-Ing. Wilhelm Anton Fischer und Dipl.-Ing. J. Engelbrecht, Düsseldorf
I. Die Reduktion sauerstoffhaltiger Eisenschmelzen im Hochvakuum mit Wasserstoff und Kohlenstoff
II. Einfluß geringer Sauerstoffgehalte auf das Gefüge und Alterungsverhalten von Reineisen
1955. 42 Seiten, 15 Abb., 2 Tabellen. DM 12,40

HEFT 154
Prof. Dr.-Ing. P. Bardenheuer und Dr.-Ing. Wilhelm Anton Fischer, Düsseldorf
Die Verschlackung von Titan aus Stahlschmelzen im sauren und basischen Hochfrequenzofen unter verschiedenen Schlacken
1955. 23 Seiten, 10 Abb., 1 Tabelle. DM 7,95

HEFT 162
Prof. Dr. phil. Franz Wever,
Prof. Dr. rer. techn. Albert Kochendörfer und
Dr.-Ing. Chr. Rohrbach, Max-Planck-Institut für Eisenforschung, Düsseldorf
Kennzeichnung der Sprödbruchneigung von Stählen durch Messung der Fließspannung, Reißspannung und Brucheinschnürung an dreiachsig beanspruchten Proben
1955. 46 Seiten, 26 Abb. DM 13,—

HEFT 170
Prof. Dr. phil. Franz Wever, Dr. phil. Adolf Rose und Dipl.-Ing. L. Rademacher, Max-Planck-Institut für Eisenforschung, Düsseldorf
Anwendung der Umwandlungsschaubilder auf Fragen der Werkstoffauswahl beim Schweißen und Flammhärten
1955. 51 Seiten, 25 Abb. DM 13,70

HEFT 205
Dr. Carl Schaarwächter, Laboratorium für Rostschutz und Oberflächentechnik, Düsseldorf
Über plastische Kupfer-Eisen-Phosphor-Legierungen
1956. 25 Seiten, 10 Abb., 10 Tabellen. DM 8,30

HEFT 227
Prof. Dr. phil. Franz Wever und Dr. Wolfgang Wepner, Max-Planck-Institut für Eisenforschung, Düsseldorf
Untersuchung der Alterungsneigung von weichen unlegierten Stählen durch Härteprüfung bei Temperaturen bis 300° C
1956. 24 Seiten, 20 Abb., 3 Tabellen. DM 7,95

HEFT 228
Prof. Dr. phil. Franz Wever, Dr. phil. Walter Koch und Dr. rer. nat. Bernd Alexander Steinkopf, Max-Planck-Institut für Eisenforschung, Düsseldorf
Spektrochemische Grundlagen der Analyse von Gemischen aus Kohlenmonoxyd, Wasserstoff und Stickstoff
1956. 31 Seiten, 18 Abb., 1 Tabelle. DM 9,90

HEFT 229
Prof. Dr. phil. Franz Wever, Dr. phil. Walter Koch und Dr.-Ing. Hanns Malissa, Max-Planck-Institut für Eisenforschung, Düsseldorf
Über die Anwendung disubstituierter Dithiocarbamate der analytischen Chemie
1955. 30 Seiten, 30 Abb., 5 Tabellen. DM 10,50

HEFT 230
Prof. Dr. phil. Franz Wever und
Dr. phil. Wolfgang Wepner, Max-Planck-Institut für Eisenforschung, Düsseldorf
Bestimmung kleiner Kohlenstoffgehalte im α-Eisen durch Dämpfungsmessung
1955. 19 Seiten, 5 Abb., 2 Tabellen. DM 7,70

HEFT 234
Dr.-Ing. K. G. Speith und Dr.-Ing. A. Bungeroth, Duisburg
Versuche zur Steigerung des Kokillen-Schluckvermögens beim Stranggießen von Stahl
1956. 15 Seiten, 5 Abb. DM 6,15

HEFT 244
Prof. Dr. phil. Franz Wever, Dr. phil. Walter Koch und Dr. Siegfried Eckhard, Max-Planck-Institut für Eisenforschung, Düsseldorf
Erfahrungen mit der spektrochemischen Analyse von Gefügebestandteilen des Stahles
1956. 22 Seiten, 8 Abb., 2 Tabellen. DM 7,80

HEFT 263
Prof. Dr. phil. Heinrich Lange und
Dipl.-Phys. Rudolf Kohlhaas, Institut für theoretische Physik der Universität Köln
Über die Wärmeleitfähigkeit von Stählen bei hohen Temperaturen: Teil I: Literaturbericht
1956. 37 Seiten, 26 Abb., 8 Tabellen. DM 10,70

HEFT 268
Prof. Dr.-Ing. G. Vogelpohl, VDI, Max-Planck-Institut für Strömungsforschung, Göttingen
Über die Tragfähigkeit von Gleitlagern und ihre Berechnung
1956. 66 Seiten, 24 Abb., 7 Tabellen. DM 16,85

HEFT 283
Prof. Dr. phil. Franz Wever und
Dr.-Ing. Werner Lueg, Max-Planck-Institut für Eisenforschung, Düsseldorf
Warmstauchversuche zur Ermittlung der Formänderungsfestigkeit von Gesenkschmiede-Stählen
1956. 31 Seiten, 19 Abb. DM 9,90

HEFT 288
Dr. phil. Kurt Brücker-Steinkuhl, Düsseldorf
Anwendung mathematisch-statischer Verfahren in der Industrie
1956. 103 Seiten, 28 Abb., 14 Tabellen. Vergriffen

HEFT 290
Dr. rer. nat. Dietrich Horstmann, Max-Planck-Institut für Eisenforschung, Düsseldorf
I. Der verstärkte Angriff des Zinks auf Eisen im Temperaturgebiet um 500° C
II. Einfluß eines Antimongehaltes auf den Angriff von Zinkschmelzen auf Eisen
1956. 36 Seiten, 33 Abb., 3 Tabellen. DM 11,90

HEFT 291
Dr.-Ing. Hans-Joachim Wiester und
Dr. rer. nat. Dietrich Horstmann, Max-Planck-Institut für Eisenforschung, Düsseldorf
Der Angriff eisengesättigter Zinkschmelzen auf silizium- und manganhaltiges Eisen
1956. 40 Seiten, 45 Abb., 8 Tabellen. DM 12,60

HEFT 311
Prof. Dr. phil. Franz Wever und
Dr. phil. nat. Max Hempel, Düsseldorf
Dauerschwingfestigkeit von Stählen bei erhöhten Temperaturen
Teil I: Erkenntnisse aus bisherigen Dauerschwingversuchen in der Wärme
1956. 36 Seiten, 19 Abb., 2 Tabellen. DM 10,90

HEFT 312
Prof. Dr. phil. Franz Wever und
Dr. phil. nat. Max Hempel, Max-Planck-Institut für Eisenforschung, Düsseldorf
Dauerschwingfestigkeit von Stählen bei erhöhten Temperaturen
Teil II: Zug-Druck-Dauerschwingversuche an zwei warmfesten Stählen bei Temperaturen von 500 bis 650°C
1956. 36 Seiten, 20 Abb., 3 Tabellen. DM 13,—

HEFT 313
Prof. Dr. phil. Franz Wever, Dr. phil. Walter Koch und Dipl.-Phys. Helga Rohde, Max-Planck-Institut für Eisenforschung, Düsseldorf
Änderungen des Habitus und der Gitterkonstanten des Zementits in Chromstählen bei verschiedenen Wärmebehandlungen
1956. 76 Seiten, 29 Abb., 8 Tabellen. DM 20,90

HEFT 314
Prof. Dr. phil. Franz Wever,
Dr.-Ing. habil. Alfred Krisch und
Dr.-Ing. Hans-Joachim Wiester, Max-Planck-Institut für Eisenforschung, Düsseldorf
Veränderungen im Gefügeaufbau von Chrom-Nickel-Molybdän-Stählen bei langzeitiger Beanspruchung im Zeitstandversuch bei 500°
1956. 35 Seiten, 26 Abb., 5 Tabellen. DM 11,70

HEFT 315
Prof. Dr. phil. Franz Wever und
Dr.-Ing. habil. Alfred Krisch, Max-Planck-Institut für Eisenforschung, Düsseldorf
Metallkundliche Untersuchungen an Zeitstandproben
1956. 25 Seiten, 12 Abb. DM 9,15

HEFT 336
Dr. phil. Tung-ping Yao, Gießerei-Institut der Rhein.-Westf. Technischen Hochschule Aachen
Die Viskosität metallischer Schmelzen
1956. 53 Seiten, 28 Abb., 2 Tabellen. DM 14,40

HEFT 342
Prof. Dr.-Ing. Helmut Winterhager und
Dipl.-Ing. Wolfgang Barthel, Aachen
Die Gewinnung von Titan-Schlacken-Konzentraten aus eisenreichen Ilmeniten
1956. 47 Seiten, 30 Abb., 6 Tabellen. DM 13,30

HEFT 348
Prof. Dr.-Ing. Eugen Piwowarsky † und
Dr.-Ing. Ernst Günter Nickel, Gießerei-Institut der Rhein.-Westf. Technischen Hochschule Aachen
Metallurgie eines hochwertigen Gußeisens mit kompakter bis kugelförmiger Graphitausbildung
1956. 46 Seiten, 27 Abb., 5 Tabellen. DM 13,30

HEFT 349
Dr.-Ing. Wilhelm-Anton Fischer,
Dr.-Ing. Helmut Treppschuh und
Dr.-Ing. Karl Heinz Köthemann, Max-Planck-Institut für Eisenforschung, Düsseldorf
Tiegel aus Schmelzmagnesia für Vakuuminduktionsöfen
1957. 23 Seiten, 14 Abb. DM 8,40

HEFT 367
Dr. rer. nat. Dietrich Horstmann, Max-Planck-Institut für Eisenforschung, Düsseldorf
Der Angriff eisengesättigter Zinkschmelzen auf kohlenstoff-, schwefel- und phosphorhaltiges Eisen
1957. 42 Seiten, 22 Abb., 6 Tabellen. DM 12,85

HEFT 392
Prof. Dr. phil. Franz Wever,
Dr. phil. Wakter Koch, Düsseldorf,
Dr.-Ing. Helmut Knüppel,
Dr. rer. nat. Bernd Alexander Steinkopf,
Dipl.-Ing. Karl Ernst Mayer und
Dipl.-Phys. Gert Wiethoff, Dortmund
Untersuchungen über den Konverterrauch im Hinblick auf die spektrale Überwachung des Thomasprozesses
1957. 36 Seiten, 14 Abb., 4 Tabellen. DM 12,10

HEFT 407
Prof. Dr.-Ing. Dr.-Ing. E. h. Hermann Schenk, Aachen und Dr.-Ing. Werner Wenzel, Bad Godesberg
Entwicklungsarbeiten auf dem Gebiete der Verhüttung von Erzstaub in Schmelzkammern
1957. 71 Seiten, 9 Abb., 18 Tabellen. DM 17,10

HEFT 408
Prof. Dr. phil. Franz Wever, Dr -Ing. Werner Lueg und Dr.-Ing. Hans Günter Müller, Max-Planck-Institut für Eisenforschung, Düsseldorf
Kraft- und Arbeitsbedarf beim Warmscheren von Stahl in Abhängigkeit von Temperatur und Schnittgeschwindigkeit
1957. 33 Seiten, 15 Abb., 3 Tabellen. DM 11,35

HEFT 409
Prof. Dr. phil. Franz Wever,
Dr. phil. Walter Koch,
Dr. rer. nat. Christa Ilschner-Gensch und
Dipl.-Phys. Helga Rohde, Max-Planck-Institut für Eisenforschung, Düsseldorf
Das Auftreten eines kubischen Nitrids in aluminiumlegierten Stählen
1957. 26 Seiten, 12 Abb., 3 Tabellen. DM 10,10

HEFT 410
Prof. Dr. phil. Franz Wever,
Prof. Dr. rer. techn. Albert Kochendörfer,
Dr. phil. nat. Max Hempel und
Dipl.-Phys. Emil Hillenhagen, Max-Planck-Institut für Eisenforschung, Düsseldorf
Biegewechselversuche mit Flachproben aus Alpha-Eisen-Kristallen zur Bestimmung der Wechselfestigkeit und der Gleitspuren
1957. 100 Seiten, 58 Abb., 3 Tabellen. DM 30,—

HEFT 455
Dr.-Ing. Wilhelm Anton Fischer,
Dr.-Ing. Helmut Treppschuh und
Dipl.-Phys. Karl Heinz Köthemann, Max-Planck-Institut für Eisenforschung, Düsseldorf
Erschmelzung von Reinsteisen nach dem Kohlenstoffproduktionsverfahren und Kerbschlagzähigkeit-Temperatur-Kurven dieses Eisens
1957. 25 Seiten, 7 Abb., 6 Tabellen. DM 9,35

HEFT 456
Privatdozent Dr.-Ing. Karl Bungardt, Krefeld
Zeitstandversuche an austenitischen Stählen und Legierungen
1958. 23 Seiten und Anahng mit Abbildungen und Tafeln z. T. auf Falttafeln. DM 19,85

HEFT 457
Prof. Dr. phil. Franz Wever und
Dr. phil. Wolfgang Wepner, Max-Planck-Institut für Eisenforschung, Düsseldorf
Dämpfungsmessungen an schwach gereckten Eisen-Kohlenstoff-Legierungen
1957. 22 Seiten, 7 Abb., 3 Tabellen. DM 8,40

HEFT 458
Prof.-Ing. Dr.-Ing. E. h. Hermann Schenk und
Dr.-Ing. Eugen Schmidtmann, Aachen,
Dr.-Ing. Hans Kosmider, Dr.-Ing. Herbert Neuhaus und Dr.-Ing. Alfred Krüger, Haspe
Das Frischen von Thomas-Roheisen mit Sauerstoff-Wasserdampf-Gemischen und die Eigenschaften der damit erblasenen Stähle
1957. 50 Seiten, 56 Abb. DM 16,35

HEFT 459
Prof. Dr. phil. Franz Wever,
Dr. phil. Otto Krisement und Hanna Schädler, Max-Planck-Institut für Eisenforschung, Düsseldorf
Ein isothermes Mikrokalorimeter zur kinetischen Messung von Umwandlungs- und Ausscheidungsvorgängen in Legierungen
1957. 31 Seiten, 14 Abb. DM 10,75

HEFT 460
Prof. Dr. phil. Franz Wever und
Dr. rer. nat. Bernhard Ilschner, Max-Planck-Institut für Eisenforschung, Düsseldorf
Ein isothermes Lösungskalorimeter zur Bestimmung thermo-dynamischer Zustandsgrößen von Legierungen
1957. 31 Seiten, 7 Abb., 4 Tabellen. DM 10,40

HEFT 461
Prof. Dr.-Ing. habil. Eugen Piwowarsky †,
Prof. Dr.-Ing. Wilhelm Patterson und
Dipl.-Ing. Friedrich Wilhelm Iske, Gießerei-Institut der Rhein.-Westf. Technischen Hochschule Aachen
Verbesserung der Zähigkeitseigenschaften von Bessemer-Stahlguß
1957. 41 Seiten, 15 Abb., 16 Tabellen. DM 12,75

HEFT 492
Prof. Dr. phil. Josef Meixner und
Dr. rer. nat. Bruno Manz, Institut für theoretische Physik der Rhein.-Westf. Technischen Hochschule Aachen
Zur Theorie der irreversiblen Prozesse in α-Eisen
1958. 10 Seiten, 1 Abb. DM 5,70

HEFT 519
Prof. Dr. phil. Franz Wever,
Dr. phil. Walter Koch und
Dr. phil. Siegfried Eckhard, Max-Planck-Institut für Eisenforschung, Düsseldorf
Die spektrographische Bestimmung der Spurenelemente in Stahl ohne vorherige Abbrennung
1958. 36 Seiten, 22 Abb. DM 12,60

HEFT 542
Dr. phil. nat. Gerhard Zapf, Schwelm
Entwicklung eines Verfahrens zur Herstellung von Formteilen aus Sintermessing
1958. 43 Seiten, 23 Abb., 7 Tabellen. DM 15,15

HEFT 552
Dr.-Ing. Gerhard Leiber und
Dipl.-Ing. Dieter Schauwinhold, Duisburg-Hamborn
Versuche zur Erzeugung halbberuhigten Stahles
1958. 28 Seiten, 23 Abb., 6 Tabellen. DM 11,30

HEFT 562
Prof. Dr.-Ing. Dr.-Ing. E. h. Hermann Schenk,
Prof. Dr. phil. habil. Norbert G. Schmahl und
Dr.-Ing. Götz Funke, Institut für Eisenhüttenwesen der Rhein.-Westf. Technischen Hochschule Aachen
Die Reduzierbarkeit von Eisenerzen
1958. 101 Seiten, 89 Abb., 10 Tabellen. DM 29,25

HEFT 573
Prof. Dr. phil. Franz Wever,
Dr. rer. nat. Werner Jellinghaus und
Dr.-Ing. Toshimori Shuin, Max-Planck-Institut für Eisenforschung, Düsseldorf
Gemischt-keramische Sinterwerkstoffe aus Aluminiumoxyd und Eisen oder Eisenlegierungen
1958. 76 Seiten, 39 Abb., 17 Tabellen. DM 22,65

HEFT 586
Dr.-Ing. Wilhelm Anton Fischer und
Dr. rer. nat. Alfred Hoffmann, Max-Planck-Institut für Eisenforschung, Düsseldorf
Verhalten von Eisen- und Stahlschmelzen im Hochvakuum
1958. 41 Seiten, 10 Abb., 13 Tabellen. DM 14,50

HEFT 597
Prof. Dr. phil. Franz Wever,
Dr. phil. Wilhelm Wink und
Dr. rer. nat. Werner Jellinghaus, Max-Planck-Institut für Eisenforschung, Düsseldorf
Suszeptibilitätsmessungen an hochwarmfesten Legierungen auf Nickel-Chrom- und Kobalt-Nickel-Chrom-Grundlage
1958. 34 Seiten, 10 Abb., 5 Tabellen. DM 12,—

HEFT 599
Prof. Dr. phil. Walter Koch und
Dipl.-Phys. Dr. phil. Heinz Sundermann, Max-Planck-Institut für Eisenforschung, Düsseldorf
Elektrochemische Grundlagen der Isolierung von Gefügebestandteilen in metallischen Werkstoffen
1958. 50 Seiten, 26 Abb., 2 Tabellen. DM 17,60

HEFT 600
Prof. Dr. phil. Walter Koch, Dr. phil. Siegfried Eckhard und Dr. rer. nat. Friedrich Stricker, Max-Planck-Institut für Eisenforschung, Düsseldorf
Die lichtelektrische Spektralanalyse der Gase im Stahl
1958. 53 Seiten, 27 Abb., 9 Tabellen. DM 15,10

HEFT 620
Dr. rer. nat. Dietrich Horstmann, Max-Planck-Institut für Eisenforschung und Gemeinschaftsausschuß Verzinken, Düsseldorf
Der Einfluß von Aluminium im Eisen- und im Zinkbad auf den Zinkangriff
1958. 29 Seiten, 17 Abb., 3 Tabellen. DM 9,40

HEFT 628
Dipl.-Ing. Walter Panknin und
Dipl.-Ing. Wolfgang Möhrlin, Verein Deutscher Ingenieure ADB, Düsseldorf
Die Ermittlung der Fließkurven von Schraubenwerkstoffen *1958. 20 Seiten, 8 Abb. DM 6,40*

HEFT 630
Prof. Dr. phil. Walter Koch und
Dr. techn. Dipl.-Ing. Hanns Malissa, Max-Planck-Institut für Eisenforschung, Düsseldorf
Beiträge zur Spurenanalyse im Reinsteisen
1958. 25 Seiten, 8 Tabellen. DM 7,60

HEFT 644
Prof. Dr.-Ing. Franz Bollenrath, Institut für Werkstoffkunde an der Rhein.-Westf. Technischen Hochschule Aachen
Untersuchung einiger mechanischer Eigenschaften von Sinteraluminium S. A. P. und S. A. P.-Avional
1958. 24 Seiten, 26 Abb. DM 8,10

HEFT 697
Prof. Dr.-Ing. Theodor Gast,
Dr.-Ing. Karl-Max Frhr. v. Meysenburg und
Prof. Dr.-Ing. Otto Krischer, Technische Hochschule Darmstadt
Untersuchung über die Erwärmungsvorgänge bei der Verarbeitung härtbarer und thermoplastischer Kunststoffe
1959. 91 Seiten, 34 Abb., 4 Tabellen. DM 16,90

HEFT 706
Prof. Dr.-Ing. Dr.-Ing. E. h. Hermann Schenck und Dr.-Ing. Hans Esch, Institut für Eisenhüttenwesen der Rhein.-Westf. Technischen Hochschule Aachen
Zur Untersuchung der Hochofenvorgänge
1959. 32 Seiten, 23 Abb. DM 9,90

HEFT 737
Prof. Dr.-Ing. habil. Karl Krekeler,
Dr.-Ing. Heinz Peukert und Dipl.-Ing. Josef Eilers, Institut für Kunststoffverarbeitung an der Rhein.-Westf. Technischen Hochschule Aachen
Festigkeitsuntersuchungen an Rohren aus Thermoplasten
1959. 66 Seiten, 84 Abb. DM 19,40

HEFT 748
Prof. Dr. phil. nat. habil. Hans-Ernst Schwiete,
Dr.-Ing. Harald Knoblauch und
Dr. rer. nat. Günther Ziegler, Institut für Gesteinshüttenkunde der Rhein.-Westf. Technischen Hochschule Aachen
Die Hydratation der Verbindungen 3 CaO · SiO_2 und ß-2 CaO · SiO_2
1959. 56 Seiten, 22 Abb., 14 Tabellen. DM 15,70

HEFT 780
Prof. Dr. phil. Franz Wever,
Dr.-Ing. Werner Lueg und Dr.-Ing. Paul Funke, Max-Planck-Institut für Eisenforschung, Düsseldorf
Untersuchung von Walzöl und Walzölemulsionen im Kaltwalzversuch
1959. 68 Seiten, 28 Abb., mehr. Tabellen. DM 18,50

HEFT 788
Prof. Dr.-Ing. Herwart Opitz, Laboratorium für Werkzeugmaschinen und Betriebslehre an der Rhein.-Westf. Technischen Hochschule Aachen
Der Einsatz radioaktiver Isotope bei Zerspanungsuntersuchungen
1959. 35 Seiten, 23 Abb. DM 11,30

HEFT 797
Prof. Dr. phil. Heinrich Lange und
Dr. rer. nat. Rudolf Kohlhaas, Institut für theoretische Physik der Universität Köln
Über die wahre spezifische Wärme von Eisen, Nickel und Chrom bei hohen Temperaturen
Neue Verfahren zur Messung der wahren spezifischen Wärme von Metallen bei hohen Temperaturen
1960. 115 Seiten, 38 Abb., 24 Tabellen. DM 31,20

HEFT 798
Dr. rer. nat. Karl Wassmann, Mönchengladbach
Einfluß der Schutzgasatmosphäre auf die Eigenschaften von Sinterstahl
1959. 94 Seiten, 65 Abb., 19 Tabellen. DM 27,—

HEFT 799
Dipl.-Ing. Helmut Weiss, Frankfurt a. M.
Aufkohlung und Härtung von Sintereisen-Werkstoffen
1960. 61 Seiten, 56 Abb., 2 Tabellen. DM 18,80

HEFT 800
Dipl.-Ing. Otto Schindler, Lehrstuhl für Stahlbau, Technische Hochschule Hannover
Untersuchungen an geschweißten Hüttenkranen
Ein Beitrag zur Berechnung dünnwandiger Hohlkästen
1959. 46 Seiten, 14 Abb., 2 Tabellen. DM 13,20

HEFT 801
Baurat Dipl.-Ing. Waldemar Gesell, Staatliche Ingenieurschule für Maschinenwesen, Duisburg
Ersatz von Quarzsand als Strahlmittel
1960. 66 Seiten, 12 Abb., 4 Tabellen. 17 Diagramme. DM 18,90

HEFT 833
Prof. Dr.-Ing. Helmut Winterhager und
Dr.-Ing. Dan Hubert Hermes, Institut Aachen
Anodennebenreaktionen bei der Silberraffinationselektrolyse
1960. 55 Seiten, 21 Abb., 10 Tabellen. DM 15,60

HEFT 834
Prof. Dr.-Ing. Helmut Winterhager und
Dr.-Ing. Klaus Reiprich, Institut für Metallhüttenwesen und Elektrometallurgie der Rhein.-Westf. Technischen Hochschule Aachen
Studie über den Glänzabbau des Reinstaluminiums in Flußsäure enthaltenden chemischen Glänzbädern
1960. 92 Seiten, 88 Abb., 7 Tabellen. DM 27,30

HEFT 840
Prof. Dr. phil. Franz Wever,
Dr.-Ing. Hans-Günter Müller und
Dr.-Ing. Paul Funke, Max-Planck-Institut für Eisenforschung, Düsseldorf
Versuchsmäßige und rechnerische Bestimmung von Walzkraft und Drehmoment unter Einwirkung von Bandzugspannungen beim Kaltwalzen von Bandstahl
1960. 36 Seiten, 12 Abb., 3 Tafeln. DM 10,90

HEFT 841
Dr. rer. nat. Hubert Blanck, Max-Planck-Institut für Eisenforschung, Düsseldorf
Untersuchungen zur Kinetik des Martensitzerfalls
1960. 33 Seiten, 11 Abb., 2 Tabellen. DM 10,30

HEFT 849
Direktor Ludwig Martin, Wuppertal-Elberfeld und Friedrich Steiner, Ratingen
Weiterentwicklung von Friktionswerkstoffen
1960. 66 Seiten, 70 Abb., 3 Tabellen. DM 20,50

HEFT 939
Prof. Dr.-Ing. habil. Wilhelm Petersen und
Dipl.-Ing. Hans Mingenbach, Dozentur für Brikettierung der Rhein.-Westf. Technischen Hochschule Aachen
Untersuchungen über die Herstellung von Erzbriketts
1961. 83 Seiten, 67 Abb., 2 Tabellen. DM 25,60

HEFT 957
Prof. Dr.-Ing. Dr.-Ing. E. h. Hermann Schenck,
Prof. Dr.-Ing. Eugen Schmidtmann und
Dr.-Ing. Helmut Brandis, Institut für Eisenhüttenwesen der Rhein.-Westf. Technischen Hochschule Aachen
Mechanische und physikalische Prüfverfahren zur Ermittlung der Vorgänge bei der Abschreck- und Verformungsalterung
1961. 47 Seiten, 34 Abb. DM 14,90

HEFT 958
Prof. Dr.-Ing. Dr.-Ing. E. h. Hermann Schenck,
Prof. Dr.-Ing. Eugen Schmidtmann und
Dr.-Ing. Heinz Müller, Institut für Eisenhüttenwesen der Rhein.-Westf. Technischen Hochschule Aachen
Untersuchungen zur Isolierung von Einschlüssen und Korngrenzensubstanzen in Eisenwerkstoffen nach dem Dünnschliffverfahren. Innere Oxydation von Eisenlegierungen
1961. 50 Seiten, 33 Abb., 2 Tabellen. DM 15,90

HEFT 961
Prof. Dr.-Ing. Wilhelm Patterson und
Dr.-Ing. Dietmar Boenisch, Gießerei-Institut der Rhein.-Westf. Technischen Hochschule Aachen
Eigenschaften und Eigenschaftsänderungen der Tonmineralien in Formsanden
1961. 33 Seiten, 16 Abb. DM 10,90

HEFT 962
Prof. Dr.-Ing. Wilhelm Patterson und
Dr.-Ing. Philipp Schneider, Gießerei-Institut der Rhein.-Westf. Technischen Hochschule Aachen
Untersuchungen über die Oberflächenfeingestalt von Gußstücken
1961. 69 Seiten, 52 Abb., 1 Bildtafel. DM 20,80

HEFT 963
Prof. Dr.-Ing. Wilhelm Patterson und
Dr.-Ing. Wilhelm Weskamp, Gießerei-Institut der Rhein.-Westf. Technischen Hochschule Aachen
Versuche zur Steigerung der Temperatur in der Schmelzzone des Kupolofens und zur Erzielung eines optimalen thermischen Wirkungsgrades durch Verwendung von HC-Koks in unterschiedlicher Stückgröße
1961. 87 Seiten, 29 Abb., 30 Tabellen. DM 28,30

HEFT 964
Prof. Dr.-Ing. Wilhelm Patterson und
Dr.-Ing. Friedrich Iske, Gießerei-Institut der Rhein.-Westf. Technischen Hochschule Aachen
Zusammenhang zwischen den mechanischen Eigenschaften im Gußstück und im getrennt gegossenen Probestab
1961. 82 Seiten, 53 Abb., 13 Tabellen. DM 23,80

HEFT 968
Prof. Dr.-Ing. habil. Anton Königer †, Institut für Gießereikunde der Technischen Universität Berlin
Zur Kenntnis der Passivierbarkeit und Korrosionsbeständigkeit technischer Eisensorten
1961. 25 Seiten, 7 Abb., 8 Tabellen. DM 8,90

HEFT 969
Prof. Dr. phil. Erich Scheil, Düsseldorf
Über den Zustand von Metallschmelzen
1961. 37 Seiten, 23 Abb., 2 Tabellen. DM 11,90

HEFT 970
Prof. Dr.-Ing. Anton Königer † und
Dipl.-Ing. Günther Kuhl, Institut für Gießereikunde der Technischen Universität Berlin
Der Einfluß verschiedener Begleit- und Legierungselemente auf das Viskositätsverhalten von Gußeisenschmelzen
1961. 26 Seiten, 14 Abb., 6 Tabellen. DM 8,60

HEFT 1016
Dr. rer. nat. W. Jellinghaus, Max-Planck-Institut für Eisenforschung, Düsseldorf
Sinterwerkstoffe aus Nickel oder Nickelaluminid mit Aluminiumoxyd
1961. 33 Seiten, 22 Abb., 6 Tabellen. DM 13,50

HEFT 1057
Prof. Dr.-Ing. Dr.-Ing. E. h. Hermann Schenck,
Dr.-Ing. Werner Wenzel und
Dr.-Ing. Hanns-Dieter Butzmann, Institut für Eisenhüttenwesen der Rhein.-Westf. Technischen Hochschule Aachen
Die Reduktion von Eisenerzen im heterogenen Wirbelbett
1961. 87 Seiten, 32 Abb., 5 Tabellen. DM 28,20

HEFT 1067
Prof. Dr.-Ing. Dr.-Ing. E. h. Hermann Schenck und
Dr.-Ing. Klaus-Dieter Unger, Institut für Eisenhüttenwesen der Rhein.-Westf. Technischen Hochschule Aachen
Versuche zur Bestimmung von Verunreinigungen in Metallen; insbesondere von Oxyden und Oxydverbindungen in technischen Stählen
1962. 34 Seiten, 10 Abb., 3 Tabellen. DM 13,40

HEFT 1068
Prof. Dr.-Ing. Dr.-Ing. E. h. Hermann Schenck,
Dr.-Ing. Werner Wenzel, Dr.-Ing. Günter Lindelar,
Prof. Dr.-Ing. Rudolf Spolders und
Dr.-Ing. Hilmar Weidenmüller, Institut für Eisenhüttenwesen der Rhein -Westf. Technischen Hochschule Aachen
Der Einfluß des Schwefels und der Kohlenoxydspaltung auf den Hochofenprozeß
1962. 222 Seiten, 99 Abb., 51 Tabellen. DM 49,50

HEFT 1083
Prof. Dr.-Ing. Franz Bollenrath und
Ahmed Ali Salem El-Sabbagh, Institut für Werkstoffkunde der Rhein.-Westf. Technischen Hochschule Aachen
Untersuchungen über die Warmfestigkeit von Hartlötverbindungen
1963. 80 Seiten, 88 Abb., 7 Tabellen. DM 59,40

HEFT 1092
Prof. Dr.-Ing. habil. Anton Königer † und
Dr.-Ing. Manfred Odendahl, Institut für Gießereikunde der Technischen Universität Berlin
Der Einfluß von Oxyden auf die Viskosität von reinen Eisen-Kohlenstoff-Silizium-Legierungen
1962. 23 Seiten, 9 Abb. DM 10,40

HEFT 1093
Dr.-Ing. Wolf Dieter Röpke und
Dr.-Ing. Abbas Sabé, Institut für Gießereikunde der Technischen Universität Berlin
Das Fließvermögen und die Warmrißneigung von Stahl mit besonderer Berücksichtigung des Einflusses von hohen Molybdängehalten
1962. 37 Seiten, 21 Abb., 4 Tabellen. DM 17,—

HEFT 1094
Prof. Dr.-Ing. habil. Anton Königer † und
Prof. Dr. phil. Emanuel Pfeil, Institut für Gießereikunde der Technischen Universität Berlin
Versuche zur Entwicklung von Korrosions-Prüfmethoden
1962. 23 Seiten, 7 Abb., 3 Tabellen. DM 10,80

HEFT 1113
Dr. rer. nat. Wolfgang Pitsch, Max-Planck-Institut für Eisenforschung, Düsseldorf
Die kristallographischen Eigenschaften der Nitridausscheidungen im α-Eisen
1962. 21 Seiten, 8 Abb., 3 Tabellen. DM 11,—

HEFT 1114
Dipl.-Chem. Dr. phil. Siegfried Eckhard und
Dipl.-Phys. Walter Baum, Max-Planck-Institut für Eisenforschung, Düsseldorf
Über ein physikalisches Verfahren zur Bestimmung des Wasserstoffs im ternären Gemisch mit Stickstoff und Kohlenmonoxyd
1962. 63 Seiten, 31 Abb. DM 39,80

HEFT 1122
Prof. Dr.-Ing. Dr.-Ing. E. h. Hermann Schenck,
Dozent Dr.-Ing. Werner Wenzel und
Dr.-Ing. Günther Dietrich, Institut für Eisenhüttenwesen der Rhein.-Westf. Technischen Hochschule Aachen
Reaktionskinetische Betrachtung des Sintervorganges und Möglichkeiten zur Leistungssteigerung. Entwicklung eines Schachtsinterverfahrens
1962. 93 Seiten, 24 Abb., 5 Tabellen. DM 44,50

HEFT 1158
Dr.-Ing. habil. Alfred Krisch, Max-Planck-Institut für Eisenforschung, Düsseldorf
Über die Extrapolation von Zeitstandversuchen
1963. 31 Seiten, 13 Abb., 2 Tabellen. DM 17,50

HEFT 1190
Prof. Dr.-Ing. Max Vater und Dipl.-Ing. Otto Schulte, Institut für Bildsame Formgebung der Rhein.-Westf. Technischen Hochschule Aachen
Die Formänderungsfestigkeit von Metallen
In Vorbereitung

HEFT 1191
Prof. Dr.-Ing. habil. Anton Königer †,
Dr.-Ing. Manfred Odendahl und Eberhard Pahl, Institut für Gießereikunde der Technischen Universität Berlin
Über die Bildsamkeit von tongebundenen Formsanden
1963. 33 Seiten, 21 Abb., 4 Tabellen. DM 18,—

HEFT 1192
Prof. Dr.-Ing. habil. Anton Königer † und
Dr.-Ing. Peter R. Sahm, Institut für Gießereikunde der Technischen Universität Berlin
Das Fließvermögen reiner und sauerstoffhaltiger Kupferschmelzen
1963. 47 Seiten, 38 Abb. 3 Tabellen. DM 31,80

HEFT 1193
Prof. Dr.-Ing. Helmut Winterhager und
Dr.-Ing. Reinhard K. Buchner, Institut für Metallhüttenwesen und Elektrometallurgie der Rhein.-Westf. Technischen Hochschule Aachen
Beitrag zum experimentellen Problem der Messung schneller Elektrodenvorgänge
1963. 40 Seiten, 14 Abb. DM 17,—

HEFT 1194
Dr. rer. nat. Werner Jellinghaus, Max-Planck-Institut für Eisenforschung, Düsseldorf
Beiträge zur Konstitution metallischer Stoffe durch Suszeptibilitätsmessungen
1963. 25 Seiten, 8 Abb., 3 Tabellen. DM 14,—

HEFT 1253
Dipl.-Ing. Alfred Puck, Dipl.-Ing. Horst Wurtinger, Deutsches Kunststoffinstitut, Darmstadt
Werkstoffgemäße Dimensionierungs-Größen für den Entwurf von Bauteilen aus kunstharzgebundenen Glasfasern
Teil I und II
1963. 149 Seiten, 73 Abb., 8 Tabellen. DM 76,—

HEFT 1305
Dr. phil. Hermann Möller und
Dipl.-Phys. Helmut Weeber, Max-Planck-Institut für Eisenforschung, Düsseldorf
Die Bildgüte bei der Durchstrahlung von Werkstoffen mit Röntgen- oder Gammastrahlen von 0,1 bis 31 MeV
1963. 69 Seiten, 40 Abb., 2 Tabellen. DM 32,90

HEFT 1344
Prof. Dr.-Ing. Dr.-Ing. E. h. Hermann Schenck,
Dozent Dr.-Ing. Werner Wenzel,
Dr.-Ing. Hans D. Kluger, Institut für Eisenhüttenwesen der Rhein.-Westf. Technischen Hochschule Aachen
Über das Reduktionsverhalten eisenoxydhaltiger Schlacken
1964. 91 Seiten, 60 Abb., 6 Tabellen im Anhang. DM 44,—

HEFT 1355
Dr.-Ing. habil. Alfred Krisch, Max-Planck-Institut für Eisenforschung, Düsseldorf
Kriechverhalten, Gefügeänderung und Risse bei mehrjährigen Zeitstandversuchen
1964. 27 Seiten, 17 Abb., 6 Tabellen. DM 14,80

HEFT 1379
Dr. phil. nat. Max Hempel, Max-Planck-Institut für Eisenforschung, Düsseldorf
Dauerschwingfestigkeit bei 20 und 500° C von Stählen mit niedrigem Kohlenstoffgehalt und verschiedenen Titan-Zusätzen
In Vorbereitung

HEFT 1384
Dr. rer. nat. Hans-Jürgen Engell, Dr. rer. nat. Anton Bäumel und Dr. rer. nat. Konrad Bohnenkamp, Max-Planck-Institut für Eisenforschung, Düsseldorf
Die Spannungsrißkorrosion von Weicheisen in Kalzium-Nitratlösungen
In Vorbereitung

HEFT 1385
Prof. Dr.-Ing. Helmut Winterhager und Dr.-Ing. Roland Kammel, Institut für Metallhüttenwesen und Elektrometallurgie der Rhein.-Westf. Technischen Hochschule Aachen
Über die elektrochemischen Grundlagen der Zinkchlorid-Schmelzflußelektrolyse
In Vorbereitung

HEFT 1387
Dipl.-Chem. Wolfgang Werner, im Auftrage der Deutschen Industrie-Werke Aktiengesellschaft, Berlin-Spandau
Verbesserung der Eigenschaften von Sinterteilen durch Nachbehandlung (Oberflächenveredelung, Korrosionsschutz)
In Vorbereitung

HEFT 1391
Dipl.-Phys. Dr. rer. nat. Ernst Wachtel und Dipl.-Phys. Erich Übelacker, Max-Planck-Institut für Metallforschung, Stuttgart, im Auftrage des Vereins Deutscher Gießereifachleute, Düsseldorf
Messung der Dichte und der magnetischen Suszeptibilität von Zinn–Zink-Legierungen
In Vorbereitung

HEFT 1398
Prof. Dr.-Ing. Eberhard Schürmann und Dr.-Ing. Horst-Carsten Groth, Institut für Gießereiwesen der Bergakademie Clausthal, im Auftrage des Vereins Deutscher Gießereifachleute, Düsseldorf
Schmelzgleichgewichte im System Eisen–Schwefel–Kohlenstoff–Phosphor und Silizium bei 1400° C

HEFT 1403
Dr. phil. nat. Gerhard Zapf, Dipl.-Ing. Ulrich Völker und Ing. Rudolf Reinstadtler, im Auftrage der Forschungsgemeinschaft Pulvermetallurgie, Schwelm
Entwicklung von Fertigungsmethoden zur Erzeugung hochfester Sinterteile, Teil I und II
In Vorbereitung

HEFT 1414
Prof. Dr. phil. Walter Koch, Dipl.-Phys. Helga Kolbe-Rohde und Dr. rer. nat. Jürgen Dittmann, Max-Planck-Institut für Eisenhüttenwesen der Rhein.-Westf. Technischen Hochschule Aachen
Untersuchungen zur Kinetik der Karbidbildung in Chromstählen
In Vorbereitung

HEFT 1415
Prof. Dr.-Ing. Dr.-Ing. E. h. Hermann Schenk, Dozent Dr.-Ing. Werner Wenzel und Dr.-Ing. Trimbak Herwadkar, Institut für Eisenhüttenwesen der Rhein.-Westf. Technischen Hochschule Aachen
Stückigmachung von Feinerz auf dem Wanderrost in Gemischen mit Feinkohle
In Vorbereitung

HEFT 1416
Prof. Dr.-Ing. Dr. h. c. Herwart Opitz und Dipl.-Ing. H. H. Bech, Laboratorium für Werkzeugmaschinen und Betriebslehre der Rhein.-Westf. Technischen Hochschule Aachen, im Auftrage des Vereins Deutscher Gießereifachleute, Düsseldorf
Bearbeitung von Leichtmetallen
Untersuchung von Leichtmetall-Gußlegierungen im Fräsvorgang
In Vorbereitung

HEFT 1419
Prof. Dr. phil. Adolf Rose, Dr.-Ing. Hans Paul Hougardy und Dr.-Ing. Albert Klein, Max-Planck-Institut für Eisenforschung, Düsseldorf
Der Einfluß der Unterkühlung auf die Kristallisationsformen von voreutektoidisch ausgeschiedenen Phasen und von eutektoidischen Phasengemengen
In Vorbereitung

HEFT 1420
Prof. Dr. phil. Erich Scheil † und Dr. rer. nat. Hans Lukas, im Auftrage des Vereins Deutscher Gießereifachleute, Düsseldorf
Messung des Dampfdruckes von magnesiumhaltigen Gußeisenschmelzen
In Vorbereitung

HEFT 1428
Prof. Dr.-Ing. Max Vater, Dipl.-Ing. Gerhard Nebe und Dipl.-Ing. Ansgar Schütze, Institut für Bildsame Formgebung der Rhein.-Westf. Tecchnischen Hochschule Aachen
Mechanische Entzunderung von Blechen und Bändern
In Vorbereitung

HEFT 1447
Dr. phil. Wolfgang Wepner, Max Planck-Institut für Eisenforschung, Düsseldorf
Restwiderstandsmessungen an reinem Eisen
In Vorbereitung

HEFT 1448
Dr. rer. nat. Ralf Damm und Dr. rer. nat. Ernst Wachtel, Max-Planck-Institut für Metallforschung, Stuttgart, im Auftrage des Vereins Deutscher Gießereifachleute, Düsseldorf
Magnetische Messungen und kinetische Versuche an flüssigen Wismut-Mangan-Legierungen
In Vorbereitung

Verzeichnisse der Forschungsberichte aus folgenden Gebieten können beim Verlag angefordert werden:
Acetylen/Schweißtechnik – Arbeitswissenschaft – Bau/Steine/Erden – Bergbau – Biologie – Chemie – Eisenverarbeitende Industrie – Elektrotechnik/Optik – Energiewirtschaft – Fahrzeugbau/Gasmotoren – Farbe/Papier/Photographie – Fertigung – Funktechnik/Astronomie – Gaswirtschaft – Holzbearbeitung – Hüttenwesen/Werkstoffkunde – Kunststoffe – Luftfahrt/Flugwissenschaften – Luftreinhaltung – Maschinenbau – Mathematik – Medizin/Pharmakologie/NE-Metalle – Physik – Rationalisierung – Schall/Ultraschall – Schiffahrt – Textiltechnik/Faserforschung/Wäschereiforschung – Turbinen – Verkehr – Wirtschaftswissenschaft.

WESTDEUTSCHER VERLAG · KÖLN UND OPLADEN
567 Opladen/Rhld., Ophovener Straße 1–3

9783663066781